遠略智庫 著

War economy
戰爭經濟
秩序的演化

百年來戰爭財政思想與制度動員的轉變

當經濟工具變成戰略武器，財政決策即是隱形戰場

通膨　債券　金融動員

不只是數字，而是國家意志的延伸

目 錄

序　　　　　　　　　　　　　　　　　　　　　　　005

第一章
開戰前的德國財政基礎與準備　　　　　　　　　　009

第二章
戰爭初期的財政策略選擇　　　　　　　　　　　　037

第三章
通貨政策與金融穩定挑戰　　　　　　　　　　　　059

第四章
經濟戰與封鎖下的對外應變　　　　　　　　　　　081

第五章
德國國內的社會秩序與經濟控管　　　　　　　　　111

第六章
戰爭後期的崩解與應變　　　　　　　　　　　　　139

目錄

第七章
戰後賠款體系與德國經濟重建起點　　167

第八章
比較視角：同盟國與敵對國的財政模式　　195

第九章
戰時經濟倫理與政治決策難題　　223

第十章
赫弗里希的政治轉型與歷史評價　　249

第十一章
戰爭經濟的制度演化與當代影響　　273

第十二章
百年回顧：
從卡爾・赫弗里希到今日戰爭經濟思想　　299

序

在戰爭尚未遠離現代社會的此刻，我們不僅需要理解戰場上的軍事技術與戰術演變，更需反思支撐戰爭的經濟制度、財政邏輯與治理體系。寫作《戰爭經濟的秩序演化》這本書，是一趟橫跨百年的思想追索，一次對「國家如何在危機中穩定自己」的制度性提問。

卡爾・赫弗里希（Karl Theodor Helfferich）這位多數當代讀者或許陌生的德國財政家，其政策實踐雖深嵌於第一次世界大戰的帝國背景中，卻在當代全球化與新冷戰氛圍中重新獲得關注。他推動的九次戰時公債、創設特別預算體系、主張將軍費與常態預算分離的操作，皆展現一種以制度對抗混亂、以財政管理動員的現代性視野。筆者認為，赫弗里希最大的貢獻，並非在於提出某項政策工具，而是開啟了一個思考框架：當國家面對不可預測的外部衝擊時，應如何調整制度配置，以維持秩序、正當性與治理能力？

本書以赫弗里希為起點，逐章鋪展其制度遺產在戰後的各種延伸路徑：從凱因斯學派的公共支出擴張論、冷戰軍工複合體的資源分配模式，到當代金融制裁與技術封鎖所代表的「制度化經濟戰」。這些路徑看似分歧，實則回應同一問題

序

意識：國家在危機時期所依賴的，不只是武器與部隊，更是財政規範、貨幣穩定、供應體系與正當性的互為支持。

筆者致力於將原本深植於德語世界、帶有高度技術性的財政概念，轉化為中文語境中清晰可辨、具備制度實踐可能性的分析框架。在書寫過程中，我不僅維持理論本身的嚴謹性與專業深度，也特別納入臺灣與亞洲地區的歷史經驗與制度案例，期望本書不僅是一部財政制度的歷史研究，更能作為今日政策思考與制度設計的重要參照。

舉例而言，第十二章特別聚焦於戰爭經濟思想的百年轉型。筆者強調了俄烏戰爭背景下 IMF 與世界銀行的制度應對，並將以色列、立陶宛、日本與烏克蘭等國在近代危機中的財政反應納入討論，目的在於建立「制度回應典範的比較視野」。我們可以看到，不同國家即使政治制度各異，但面對戰爭、災難與系統性衝擊時，所依賴的應變結構有其共通邏輯，而赫弗里希的制度觀正提供了一種解釋框架。

此外，寫作過程中我特別注意戰爭經濟中的「制度記憶」概念。許多危機期間所創設的特別制度，在戰後未必完全廢除，反而轉化為新制度的原型。例如 COVID-19 疫情期間，各國採用緊急預算、戰略物資供應鏈指揮系統、數位現金轉移與分區儲備體系，與戰時動員結構如出一轍，充分顯示制度的可塑性與持續性。

本書的另一個核心觀點，在於提醒我們經濟並非純粹的

市場運作，更是政治與制度設計的產物。戰爭經濟正是這種「政治經濟整合體」的極端展現：它在衝突中暴露結構缺口，在重建中展現制度創新。當前世界進入多極秩序與供應鏈再鍛造階段，重新審視戰爭與經濟的關係，尤其是其制度設計基礎，是臺灣等中型開放經濟體無可迴避的重要課題。

在撰寫本書時，筆者謹慎處理所有關於財政、戰爭與治理的核心概念，力求保有論述的理論深度與批判立場，同時考量當代讀者的知識結構與語境需求。對於如歐洲制度運作細節，我特別納入亞洲脈絡的對照分析，並延伸討論近年來的 IMF 政策轉型、去美元化倡議、技術圍堵與新戰略財政體系等全球性議題。透過這樣的拓展，筆者希望本書不僅回應特定歷史條件，也能成為一部關於「制度應變能力」的理論資源，為不同國家與時代提供思考治理與財政調適的參照框架。

我們活在一個制度持續被測試的年代：能源衝突、通膨高漲、糧食不穩、區域衝突、科技封鎖……每一項事件都可能打亂原有的治理平衡。在這樣的時代中，理解過去如何因應戰爭，不僅是對歷史的回顧，更是對未來的預習。

謹將此書獻給所有關注制度韌性、經濟秩序與人類穩定未來的讀者們。

第一章
開戰前的德國財政基礎與準備

第一章　開戰前的德國財政基礎與準備

第一節　威瑪共和之前的財政遺緒

在探討第一次世界大戰期間德國的戰時財政政策之前，必須回溯至帝國時期的財政架構。德意志帝國自西元 1871 年統一以來，雖然表面上為聯邦制國家，實則仍由普魯士王國主導其財政與軍政體制。這一體制不僅在制度設計上高度集權，也在政治實踐上為軍事主義鋪路，使德國在戰前的財政表現充滿矛盾。

一、君主主義財政與軍事至上文化

德意志帝國由威廉一世起家的軍事國家體質，使預算重心長期偏向軍備建設。根據歷史學者 Gerd Hardach 的研究，從 1880 年代至 1913 年，德國軍事預算占中央總支出比重逐年上升，在 1913 年更達到近 45%。這種不成比例的軍費支出，導致社福與基礎建設發展受限，也使稅收制度過度傾斜於間接稅與消費稅，加重低收入階層的負擔。

二、德國帝國財政架構的不均衡性

德意志帝國採「雙重財政」模式，即由聯邦層級與各邦國各自徵稅與支出。帝國政府本身稅收權力有限，必須仰賴邦國上繳「分擔金」來運作中央預算。這種結構導致中央政府無法靈活

應對財政需求,也為戰爭初期的大規模動員與借貸埋下隱憂。

以普魯士為例,其占德國人口與產值超過六成,但其上繳比例卻遠低於此占比。美國經濟史學家理察・蒂利(Richard H. Tilly)曾指出:「帝國財政制度是一場政治妥協的產物,而非效率與應急的展現。」

三、戰前債務與財政紀律的鬆動

儘管德國在工業化進程中迅速崛起,但財政穩健性卻未隨經濟規模擴大同步提升。1900 年至 1913 年間,帝國債務成長速度遠高於稅收成長,且主要依靠短期債券融資,對金融市場穩定性造成壓力。銀行如德意志銀行與達姆施塔特銀行雖持續購買政府債券,但其風險敞口也愈發集中於國家信用之上。

這使得赫弗里希於 1915 年出任財政部長時,面對的不是一個能靈活調度的財政體,而是早已超額舉債、缺乏稅基擴張能力的政府。德國經濟學家威廉・勞滕巴赫(Wilhelm Lautenbach)回憶道:「我們不是從零開始,而是從負數起跳。」

四、政治體制對財政改革的壓抑

在威廉二世的專制體制下,國會對預算僅有審查權,缺乏實質決定力。保守派軍事菁英與資本家聯盟更阻礙稅制改革。例如:針對資本利得稅與遺產稅的提案數度遭上議院否

第一章　開戰前的德國財政基礎與準備

決，財政調整因而止步不前，留下高度依賴軍費支出的體制性負擔。

社會民主黨（SPD）雖在1912年成為國會最大黨，卻因無法參與實際行政決策而無力推動結構性改變。這也讓赫弗里希日後必須透過金融工具、而非制度改革來籌措戰費。

五、社會經濟差異與民間儲蓄潛力

值得注意的是，儘管國家層級的財政結構僵化，但德國中產階級在1900年代已有顯著儲蓄能力。根據德國銀行聯盟資料，至1913年全國儲蓄存款總額已達80億馬克，顯示透過「戰爭債券」動員民間資金具有實質可行性。

赫弗里希之後之所以選擇以債券為主要籌資手段，正是奠基於這一點。然而，這種方法的成功，也高度仰賴民眾對國家信用的信心與戰爭前景的認同。

六、專家觀點：制度老化與軍國體制的衝突

從制度經濟學觀點看，德意志帝國的財政問題並非單一政策錯誤所致，而是制度結構未能及時回應現代戰爭需求的展現。正如諾貝爾經濟學獎得主道格拉斯·諾斯（Douglass North）所言：「制度的惰性常使政治決策滯後於環境變化。」

德國在一戰前夕的制度性缺陷，包含中央財政權力不足、

軍事支出優先於社福建設、政治決策透明度不足等問題,使其雖有強大經濟實力,卻難以有效轉化為戰爭動員的韌性。

小結:戰爭之前的結構性陰影

在赫弗里希接手財政部的 1915 年之前,德國財政體系已面臨資源調度困難、政治壓力與制度性制約。這些背景構成他日後財政策略的起點,也注定他無法從制度上解決問題,只能以金融創新與市場操作對抗總體危機。

第二節　工業化與資本集中的矛盾

隨著 19 世紀末德國工業迅速發展,資本累積與財富集中問題日益突顯。尤其在重工業、軍火、鐵路與銀行業等部門,少數財團與家族企業掌握大部分資源與政治影響力,使財政與經濟政策日趨「寡頭導向」,無法全面照顧社會結構的多元需求。

一、工業擴張與所得分配不均

德國在西元 1871 年後的工業化進程堪稱歐陸之最,化學工業、鋼鐵製造與機械出口皆有驚人成長,然而資本報酬遠高於勞動報酬,使所得差距快速擴大。根據經濟學家瓦爾特‧

G‧奧夫曼（Walther G. Hoffmann）統計，至 1913 年，全國前 1%家庭掌控超過 20%財富。

這種極端集中化的現象，不僅壓縮內需市場擴張空間，也使社會穩定性受限，增加政府在戰爭期間透過稅制調節的難度。

二、資本集團與財政政策的綁架關係

如克虜伯（Krupp）、西門子（Siemens）、蒂森（Thyssen）等工業巨頭，與德國財政部與軍部關係密切。這些企業在和平時期即可享有補貼與稅務優惠，在戰爭爆發後更直接轉型為軍需供應鏈核心，主導配給制度與價格談判。

德國社會學者馬克斯‧韋伯（Max Weber）批評：「德國的資本主義不是自由市場體制，而是以軍需優先的官僚資本主義。」這也使得政府無法在戰爭中有效徵收企業暴利稅，反而進一步加劇財政失衡。

三、工業區域的不平衡發展

萊茵河流域、魯爾區、柏林等地集中了過半以上重工業產值，東部農業地區如東普魯士則相對貧弱。這種區域失衡造成徵稅能力分布極度不均，也在後期糧食徵集與價格政策上形成內部張力。

戰時物資調配中，都市富裕地區得以動員資本快速購買與囤積，反觀農村則面臨物資徵調與價錢壓榨的雙重壓力，引發抗議與抵制風潮，削弱國家對戰爭動員的控制。

四、工會運動與階級矛盾升高

在高度資本集中的背景下，勞工階級透過組織工會對抗資方壓榨。戰前十年內，德國工會會員數增長超過三倍，並形成跨區域協作體系。這雖提升了工人議價能力，卻也讓政府在動員工人加入軍需產業時遭遇更高勞資對抗風險。

此外，社會主義政黨對現有財政與資本分配提出強烈質疑，主張改以累進課稅與國有化手段調整結構，卻未獲執政者採納，形成更大社會張力。

五、專家觀點：工業資本的戰爭治理風險

美國政治學家查爾斯・蒂利（Charles Tilly）指出：「國家能否有效動員戰爭資源，取決於其對社會階級與財團利益的統合能力。」德國在戰前過度依賴大型資本運作體系，忽視稅制彈性與產業多樣性，導致一旦戰爭開打，中央財政將無法涵蓋全面需求，只能片面傾向軍工複合體利益，形成動員偏誤。

小結：資本集中與動員脆弱性的隱憂

德國工業化帶來的經濟奇蹟，在戰爭來臨時卻反過來成為財政動員的障礙。財政政策受限於資本結構與區域不均，使國家難以全面動員、均衡徵稅，導致財政工具轉向債務導向與貨幣擴張，為後續的通貨膨脹埋下伏筆。

第三節
國會預算權的局限與軍事優勢的制衡失靈

在德意志帝國的憲政架構中，儘管國會被賦予預算審議權，實際上卻無法有效制衡由皇帝主導的軍事決策權。這種不對等權力分配，不僅弱化了民意機構對財政支出的控制力，也導致軍事支出在無充分民間監督下持續擴張。

一、德意志帝國憲政設計的權力失衡

根據西元 1871 年《德意志帝國憲法》，預算必須經過國會批准。然而皇帝身兼普魯士國王與帝國元首之職，並擁有任命首相與軍事最高指揮權，軍事政策得以凌駕民選機構。即便預算遭國會擋下，軍事部門仍可透過「臨時撥款」或「預備金」維持支出。

第三節 國會預算權的局限與軍事優勢的制衡失靈

美國政治史學者瑪格麗特‧安德森（Margaret Lavinia Anderson）曾指出：「帝國議會的預算審查，往往只是程序性的象徵，真正的財政方向早已在普魯士上議院與軍部定調。」

二、軍事支出的特權與國防預算的剔除審議

帝國時期軍費常被排除在一般財政審議之外，軍部主張此舉可避免洩密與妨礙軍事效率。此一做法逐漸制度化，使軍費幾乎成為「不可動用項目」，難以遭受國會實質審核或削減。

例如 1900 年的「艦隊法案」與 1912 年陸軍擴軍計畫，皆在軍部主導下獲通過，儘管社會民主黨等反對聲浪高漲，最終仍無法扭轉局勢。

三、國會內部的黨派制衡與妥協困境

即使國會中社會民主黨（SPD）在 1912 年成為最大黨，其反戰與財政審慎主張也常受制於保守派與中間派聯盟。國會決策須經雙院同意，加上議會內部意識形態分歧，導致重大財政議案常以妥協形式通過。

歷史學者大衛‧布萊克本（David Blackbourn）認為：「SPD固然聲勢壯大，卻陷於制度設計與中產階級選民壓力雙重困境，使其在預算審議中難以有效發揮阻力。」

四、軍方獨立預算體制的副作用

軍方不僅在財政上高度自主，還擁有獨立會計制度與人事支配權。這造成軍費使用缺乏透明化與公共監督，甚至形成與財政部平行的資金流通管道。戰前多起軍火交易舞弊案，即源自此種缺乏制衡的制度背景。

這類「雙軌財政體制」擴大了軍事部門的自由裁量空間，也使整體國家財政規劃難以整合，影響政府在戰爭初期的靈活應對能力。

五、專家觀點：預算民主與威權軍政的衝突

瑞典政治學家赫伯特・廷斯滕（Herbert Tingsten）指出：「預算制度是否有效，不在於表面設計是否授權，而在於實際權力能否對等。」德國帝國時期的預算制度雖看似民主，實則陷於行政實權與軍事主導下的空轉。

這也顯示，制度的設計若無法配合政治文化與權力結構調整，即便形式完備亦無法發揮功能。在此脈絡下，國會雖擁有審查權，但其財政制衡角色已名存實亡。

小結：預算制度的虛位化與國家治理的失靈

德國帝國的預算制度看似民主，實則因皇權主導與軍部獨大而成為治理制度的虛殼。國會無力制衡軍費擴張，使戰

爭爆發時政府無法迅速重整財政資源，間接促成戰時動員的財政困境。這不僅是財政上的問題，更是國家治理體制未能回應現代戰爭需求的制度性崩解。

第四節　銀行聯合體與信貸工具的調度

進入 20 世紀初的德國，隨著國內資本主義金融機構發展日趨成熟，銀行體系開始在國家財政政策中扮演關鍵角色。尤其在戰爭即將爆發的情勢下，中央政府與銀行聯合體之間的協作，不僅是籌措軍費的主要依靠，更成為操控信心與穩定市場的核心機制。

一、德國銀行體系的高度集中化

德國於 19 世紀末至 20 世紀初逐漸形成由少數大型銀行主導的「聯合銀行模式」。其中如德意志銀行、達姆施塔特銀行、德勒斯登銀行等大型商業銀行，透過跨產業投資與參股方式控制了大批工業企業，同時也成為國家政策性融資的合作對象。

這種集中化的資本運作，使銀行具備調動大規模資金的能力，而帝國政府在未能擴大稅基的條件下，自然倚賴銀行體系進行「戰前融資準備」。

二、銀行與政府合作的制度機制

早在戰前兩年，財政部與中央銀行便密切接洽各大銀行，逐步籌備戰時資金融通的制度框架。包括：

◆ 戰爭債券發行的先期安排：銀行將認購大量債券後再轉售予民間儲戶，承擔初期發行風險。

準備性信貸額度設定：帝國銀行預留特定信貸線額，允許銀行在特定條件下動用資金供應軍需。

清算系統與轉帳保證機制：建立可跨銀行作業的支付網絡，保障在戰爭壓力下資金清算不致中斷。

此種安排在 1914 年動員初期即全面啟動，確保財政部得以在短時間內獲取大量週轉資金。

三、金融市場操作與心理戰配合

赫弗里希出任財政部長後，強調信心管理與市場預期調控。他與銀行界協議採取「穩定型融資策略」：

◆ 在金融市場上避免債券大規模折價拍賣，以維持價格穩定；
◆ 銀行界公開聲援戰爭債券，營造全民投資氛圍；
◆ 配合媒體與教會舉辦儲蓄教育運動，提高認購動機。

第四節　銀行聯合體與信貸工具的調度

這些政策與金融工具的整合，不僅確保了初期財政資金流入，也有助於穩定戰時貨幣信心，避免恐慌式擠兌或債務市場失序。

四、信貸擴張與貨幣基礎的脫鉤隱憂

然而這種依賴銀行體系的籌資方式，亦帶來長期性風險。為配合國家需求，各銀行不得不放寬信用標準、大量動用短期信貸，進而造成貨幣基礎與實際財政收入脫鉤。帝國銀行在戰前一年內擴張貨幣供給超過 30%，但實質產出並未同步上升。

這種「虛擴式資金流」不僅在短期內埋下通貨膨脹種子，也使得國家財政對銀行界形成依賴關係。一旦市場信心轉變或戰事不利，銀行將無力再行吸收債券，可能引發金融危機。

五、專家觀點：戰爭金融動員的制度風險

英國經濟史學者尼爾·佛格森（Niall Ferguson）指出：「戰爭不只是士兵與武器的對決，更是銀行帳戶與貸款利率的戰爭。」德國之所以能夠迅速發動戰爭，在很大程度上是因為銀行體系在制度上已具備「戰爭前置彈性」；然而這種模式也將國家財政與金融市場綁在同一條繩索上。

戰爭若長期延宕，銀行本身儲備與風控機制無法支撐無限量舉債，而政府則可能轉向貨幣貶值與強制徵購作為替代手段，進一步動搖經濟秩序。

小結：金融調度的雙刃劍與制度依賴的困局

銀行聯合體雖為德國政府在開戰初期提供強大資金支持與信用平臺，但這套機制建立在金融市場穩定與民眾信心維繫的脆弱基礎上。當金融調度工具逐漸演變為替代性財政支柱時，也意味著國家財政正邁向失衡與通貨危機的邊緣。這種制度依賴性，將在後續戰爭推進中逐步顯露其限制。

第五節　社會保障與軍事動員的拉鋸

在德意志帝國邁入戰爭的前夕，國家面臨一個極為棘手的兩難問題：如何在有限財政資源下，兼顧社會保障的穩定性與軍事動員的龐大需求。這場看似政策選擇的拉鋸，實則反映德國社會結構的不平衡與財政制度的僵化，並最終成為戰爭初期國內動員效率受限的核心癥結。

一、德國社會保障體系的發展背景

德國作為歐洲最早建立現代社會保險制度的國家，早在 1880 年代便在奧托・馮・俾斯麥推動下完成了涵蓋醫療、失能與退休金的基本架構。這一制度的初衷雖為削弱社會主義勢力，卻在 30 年間逐步內建成德國中下階層的重要保障。

到了 1913 年，社會保險的受益人口已超過全國勞動人口的 60%，相關支出占政府總預算約 17%。這代表政府若要進行全面軍事動員，必須在財政與政策層面對社會保險支出進行重組或壓縮，進而引發社會震盪風險。

二、戰爭動員與社會福利的排擠效應

戰爭開打後，國防開支急遽上升，社會保險支出在預算中的相對比例大幅下滑。為了騰出財政空間，政府採取延後支付退休金、暫停部分醫療補貼、降低失能保險標準等手段。雖暫時減輕財政壓力，卻直接衝擊工人階層生計與信任。

1915 年起，針對社保資金的動用已引起工會與部分政黨反彈。社會民主黨領袖弗里德里希・艾伯特 (Friedrich Ebert) 曾在國會質疑：「若社保只是平時用來安撫人民，戰時卻被視為可有可無，這種政策如何期待民眾為國捐軀？」

三、女性、老人與青少年的補位困境

由於大量成年男性被徵召入伍，工廠與基礎服務業出現人力缺口。政府試圖以女性、青少年與高齡者補足缺口，卻忽略其在福利制度中的角色轉換需求。

例如女性進入重工業生產線卻無對應的醫療與育兒支持機制；老年勞工被迫重返工作崗位卻無安全條件保證。這些政策缺位，加劇了原有社保制度的疲弱，造成社會支持體系崩潰邊緣。

四、社會階層對戰爭徵調的反應分化

戰爭初期的民族主義熱潮掩蓋了不少潛在矛盾，然而進入戰爭第二年後，不同社會階層對財政與徵調政策的反應開始出現明顯差異。

中產階級與工人階層對於稅制不公（如對企業利潤課稅緩慢、對消費品稅負迅速增加）產生不滿，並質疑社保資源遭軍事部門排擠。農民則對糧食徵購政策與價格控制表達不滿，進一步激化城鄉矛盾。

這些分化效應不僅阻礙戰爭總動員，也削弱國內政治共識，迫使政府不得不在動員政策與社會穩定之間持續妥協。

五、專家觀點：福利國家脆弱性與戰爭動員的制度斷裂

丹麥社會學家戈斯塔・艾斯平－安德森（Gøsta Esping-Andersen）曾指出：「若一國的社會政策僅僅建立在經濟繁榮期的剩餘資源分配，那麼一旦進入危機，其合法性與持久性將首當其衝。」德國的社會保險制度即反映出這一點。

戰爭的到來未必必然排擠社會福利，但若制度缺乏危機應變機制與彈性資金調度能力，社保與軍事就會變成零和競爭。德國政府未能在戰前建立跨部會財政協調機制，是其制度性斷裂的重要原因。

小結：兩難中的結構性缺口

社會保障與軍事動員的衝突不僅是財政數字的排列問題，更牽涉整體社會信任、階層合作與政策預期。德國在戰前看似先進的社保體系，最終卻未能與軍事體制整合，導致一場橫跨社會、經濟與政治層面的制度危機。在缺乏統合的資源規劃下，德國戰爭動員在內部就已出現裂縫。

第六節
從保守財政到準戰時財政的演進

第一次世界大戰爆發之前，德國的財政政策長期受到保守主義經濟觀的主導，主張平衡預算、限制赤字、維持金本位的貨幣穩定。然當戰爭威脅升高，這一套建立於和平時期的原則面臨極大挑戰，逐步讓位於更具彈性與戰略性的「準戰時財政」模式。

一、保守財政傳統的歷史淵源

在 19 世紀末，德國經濟進入工業擴張高峰，財政政策仍受到普魯士官僚體系影響，重視財政紀律與儲備金建立。帝國財政部奉行「年度平衡」原則，避免出現持續性赤字。這一方面源自對通貨膨脹的恐懼，另一方面則是維持國際信用與貨幣穩定的考量。

此種觀念深植於政治與學術界，如當時知名經濟學家阿道夫‧華格納（Adolph Wagner）即主張：「國家財政若失去平衡，其治理將失去道德權威與政策正當性。」

二、預備性的財政改革受限

儘管自 1908 年以來，部分官員與學者已提出需針對未來戰爭進行財政制度調整，如擴大遺產稅基、強化資本利得稅制等改革構想，然實際上皆遭到保守派與工商界強烈阻撓。

財政部曾於 1911 年提出「預防性債務管理方案」，希望建立戰時財政儲備機制，但最終在帝國議會遭到否決，顯示當時政治氛圍尚無法接受破壞傳統平衡預算的任何形式。

三、戰爭壓力下的轉型契機

1914 年 7 月危機發生後，隨著動員命令下達，原有的保守財政原則迅速被現實打破。帝國政府未經預算程序，即批准數十億馬克的軍費緊急撥款，並授權帝國銀行發行超額紙幣。

此舉代表著財政從原本的平衡取向轉向戰略性支出導向，並以貨幣擴張為主要手段填補短期資金缺口。赫弗里希在 1915 年接任財政部長後，更進一步建立起債券發行機制與銀行融資聯動系統，確立準戰時財政的新模式。

四、準戰時財政的制度特徵

此一轉型非一蹴可幾，而是逐步形成的制度體系，其主要特徵包括：

第一章　開戰前的德國財政基礎與準備

- 以赤字為常態：不再追求年度平衡，而是透過預期債務再融資作為支撐。
- 債券發行成為主幹：政府支出主要依靠向國內銀行與民眾發行債券。
- 貨幣與信用分離：放寬貨幣發行標準，紙幣與黃金儲備脫鉤。
- 政策預算化：預算審查形式化，實際支出依軍部需求而定。

這些措施大幅提升政府籌資速度與彈性，但也削弱財政制度的穩健性與可持續性。

五、專家觀點：財政彈性與制度穩定的張力

美國經濟學者貝瑞・艾肯格林（Barry Eichengreen）認為：「每一場戰爭都是對既有財政制度的壓力測試。制度若不能調整，將被現實淘汰；若調整過度，則可能無法回復。」

德國從保守財政轉向準戰時財政的過程，即呈現出調整與失衡並存的雙重面貌。一方面，其成功確保了短期戰爭資源調度；另一方面，也種下了戰後惡性通膨與信用崩潰的結構性因子。

小結：制度轉型的代價與啟示

德國在第一次世界大戰前後的財政演進，揭示了保守原則與現實需求之間的劇烈碰撞。從穩健平衡到赤字動員的轉向固然提供戰爭初期的財政支撐，但其代價則在後續通膨、債務危機與貨幣信心崩潰中一一浮現。這一過程反映出制度變革不應僅為應急之計，更須兼顧戰後秩序的重建規劃。

第七節　國內金融秩序與信心建設

當戰爭的陰影籠罩歐洲時，德國政府深知，若要長期維持戰爭財政的穩定性，必須有效管理國內的金融秩序與市場信心。金融秩序不僅牽涉到資金流動與市場機制，更關乎民眾對國家經濟前景的預期與政府治理的信任度。在缺乏透明民主制衡的體制下，信心建設成為德國戰時財政維繫的心理基礎與策略核心。

一、帝國銀行的穩定角色與調節機制

帝國銀行（Reichsbank）是德國戰前最具公信力的金融機構，其獨立性雖不如現代中央銀行，卻在操作上扮演貨幣供應與市場流動性的調節中樞。戰爭爆發後，帝國銀行被賦予

更多責任，包括擴張貨幣供應、吸納戰爭債券、穩定存款信心等任務。

赫弗里希上任後推動強化帝國銀行的再貼現機制，使其能迅速為商業銀行提供流動性支援，避免市場因短期資金斷鏈而出現恐慌。此舉有助於穩定金融體系基礎，使其成為國家信貸體系的穩定支柱。

二、金融市場監管與投機防堵

戰時物資短缺與市場不確定性使得金融投機活動劇增，特別是在黃金、糧食與外幣市場。政府遂於1915年起設立專責金融監理辦公室，對主要交易所實施價格管制與交易限額，並凍結部分金融資產轉出，限制資本外逃。

此舉雖有效遏制部分金融投機，但亦引發部分金融機構反彈，認為監管過當抑制正常資金調度與利潤空間。政府遂改以「軟監理」與道德勸說策略，呼籲金融業者「與國家共同作戰」，建立金融與愛國的連結敘事。

三、通貨與通膨預期的管理挑戰

隨著戰爭進入膠著，政府大量發行紙幣以應付開支。由於金本位已事實中止，紙幣貶值壓力迅速上升。1916年起，市場開始出現對未來物價暴漲的預期，導致物資囤積與債券

承購意願下降。

赫弗里希與帝國銀行聯手推動「價格穩定宣示」,並透過政府發行的統計公報與專家演說穩定預期,試圖在無實質物價控制力下以心理戰手段鞏固民心。然而,缺乏透明數據與審計制度使效果有限,通膨預期依然蔓延。

四、民眾信心工程與戰爭債券推廣

政府意識到單靠制度無法撐起金融信心,遂積極展開「信心工程」,包括:

- 結合教會、學校、媒體推動愛國理財教育;
- 將戰爭債券形塑為「家庭對國家的貢獻」;
- 鼓勵地方銀行設立「債券櫃檯」,以儲蓄替代消費。

此類活動在短期內成效顯著,1915 年底戰爭債券認購率高達 93%。但隨戰局惡化與物資短缺惡化,信心基礎亦開始動搖。

五、專家觀點:金融信心作為治理資本

現代政治經濟學者艾瑞克·赫萊納(Eric Helleiner)曾指出:「國家貨幣的穩定,不僅取決於經濟指標,更依賴於國家在政治與社會中的合法性。」德國戰時金融政策試圖以制度與象徵

雙軌進行信心建設，短期確實奏效，但長期而言若未能根本性改變通膨預期與財政結構，其信心僅為脆弱的心理防線。

小結：戰時信心的策略與極限

德國在戰時維持金融秩序的努力，表面上建立起一套準中央銀行體制與國家信用敘事，但其基礎建立在資訊不透明、監理失衡與戰略宣傳上。這種信心結構能否持久，將取決於戰爭進程與民眾生活的實際感受，最終也成為戰後經濟崩解的預兆之一。

第八節　從制度信任到動員困境

德國於第一次世界大戰期間所推動的戰時財政與金融機制，儘管表面上展現出強大動員力與短期穩定性，但在制度運作的深層，實際上暴露出國家信任體系的結構性脆弱。從財政結構、金融體制、政社互動到社會傳播機制，學界從多重視角對這段歷史展開剖析，突顯信任與動員兩者間的高度張力。

一、制度性信任的建構與依賴

制度信任（institutional trust）指的是人民對國家組織、規則與程序的信賴。在和平時期，這種信任得以透過規律執

行、民主監督與政策透明累積,但在戰爭非常態環境下,德國政府則改以緊急法令與宣傳手段塑造制度信任。

德國社會學者尼克拉斯·魯曼(Niklas Luhmann)指出:「在資源緊縮與風險增加的情境中,信任成為延遲系統崩潰的社會工具。」德國戰時政策即倚賴這種信任維持動員秩序,但長期而言,若無具體可驗證的成果,信任將轉為幻象。

二、動員效能與社會認知落差

從歷史統計資料來看,德國在 1914～1916 年間能成功召集超過四百萬名兵源,並調動大量工業產能進入軍事用途。表面看來動員效能高漲,實際上卻隱含龐大社會認知差距。

德國軍事史家漢斯·戴布流克(Hans Delbrück)認為:「真正有效的動員,是建立在廣泛社會共識與制度信賴之上,而非強制命令與心理訴求。」德國的戰時動員雖快速有效,但基層群眾對其政策背後的持續性與正當性卻並不充分理解,導致動員的可持續性下降。

三、資訊操控與信任過載

為了維繫信任,德國政府採取了嚴格的新聞審查制度與輿論控制機制。透過官辦報刊、學界言論整合、教會支持等管道形成「國家真相」。然而,當真相與現實差距日益明顯

時，民眾的信任開始出現「過載」（trust overload）效應。

德國哲學家于爾根・哈伯瑪斯（Jürgen Habermas）認為：「若公共領域失去自主性，資訊便無法進行有效驗證，信任將轉化為服從，而非理解。」這也解釋為何德國在戰爭後期出現嚴重的社會疲乏與反戰情緒爆發。

四、金融制度與信任消耗的惡性循環

美國經濟學者馬爾克・佛蘭德羅（Marc Flandreau）指出，信任與金融制度關係密切，一旦通膨預期持續上升，民眾對貨幣與債務的信心將逐步流失，政府不得不付出更高融資成本或轉向強制性手段。德國即陷入此一循環，導致制度信任轉向貨幣懷疑與債務逃避。

這不僅破壞原本依賴合作的社會契約基礎，也使政府必須不斷加強監控與限制，進一步惡化社會信任環境。

五、戰後啟示與制度重構思維

回顧此一階段的德國經驗，多位制度經濟學與社會政治學者均強調制度信任非一時宣傳可得，而需透過結構性設計與多元責信制度（accountability mechanisms）建立。特別是在高風險、高動員的情境中，信任建構的方式決定制度韌性的強弱。

美國政治學家伊莉諾·歐斯壯（Elinor Ostrom）便主張：「長期有效的制度必須建立在社會互惠與集體監督的基礎上，否則將僅是短期動員的工具，而非可持續治理的架構。」

小結：信任的崩解與制度的考驗

德國在第一次世界大戰中呈現一幅「高效率、低信任」的動員圖景，其制度雖展現強大行政動員力，卻因無法同時維持社會對未來的信任感與制度的穩定性，終致在戰事拉長與內部矛盾中逐步崩潰。這段歷史教訓再次證明，戰時體制的穩定不應仰賴動員力本身，而應根植於制度性信任的持續建構與更新。

第一章　開戰前的德國財政基礎與準備

第二章
戰爭初期的財政策略選擇

第二章　戰爭初期的財政策略選擇

第一節　赫弗里希上任的政治背景

德國在第一次世界大戰爆發初期面臨龐大而急迫的財政挑戰。在這種背景下，卡爾・赫弗里希（Karl Helfferich）於1915年接任帝國財政部長。他的任命不僅是一項人事更動，更象徵德國戰時財政邏輯的轉型。

赫弗里希原本是德意志銀行的重要人物，擁有深厚的金融背景與國際經濟視野。這使他能在戰時迅速理解並操作複雜的資金調度與債務結構，並有效與帝國銀行及其他金融機構協調。

一、赫弗里希的經濟思想與政策傾向

赫弗里希主張強調信貸擴張、財政創新與戰時心理戰術。他認為，戰爭既是軍事對抗，也是金融與信心的較量，因此必須以信用與動員策略為核心重塑財政結構。

與傳統財政官僚相比，他更具主動性與戰略眼光，主張透過戰爭債券與貨幣調控來取代直接增稅，以維持民眾支持與經濟穩定。

二、接任背景中的政治算計

赫弗里希的上任不僅是技術官僚的替換，也涉及軍方與皇室內部的政治角力。當時德國已無法再仰賴原有的保守財

政政策,軍方與經濟部門需尋求更能靈活調度資金的人選,赫弗里希因其與銀行界的密切關係而被視為適任人選。

此外,他的政治立場相對務實,能在保守與改革派之間取得平衡,有利於穩定財政體系與維持民心。

三、國際觀點與德國財政轉向的象徵

赫弗里希的任命亦被國際觀察者視為德國戰爭財政進入「信貸動員」與「內需驅動」的新階段。他的政策導向影響了之後包括英國、奧匈帝國在內的其他交戰國,間接促使戰爭財政成為 20 世紀國家財政學發展的重要轉捩點。

小結:技術專業與政治調度的交會點

赫弗里希的上任展現出德國戰爭初期財政戰略的重大調整。他不僅是一位具金融實力的技術官僚,也成為戰時經濟政策轉向的象徵人物。在其主導下,德國開始從以稅收為主的保守路線,邁向以債券與信貸為核心的現代戰爭財政模式。這一轉變不僅影響德國,也為戰後各國財政制度改革奠定了實踐基礎。

第二章　戰爭初期的財政策略選擇

第二節　戰爭債券的設計與推行邏輯

在傳統稅收難以支撐龐大戰時開支的情況下，德國政府選擇以戰爭債券作為主要融資手段。此一策略不僅是財政創新，更是一場政治與心理動員工程。赫弗里希在擔任財政部長後，主導了戰爭債券制度的全面規劃與推行，其設計邏輯深具戰略性，目標是動員社會各階層資源並維持經濟運轉穩定。

一、債券制度的設計原則

德國的戰爭債券設計採取以下原則：

- 低票面門檻：允許小額購買，吸引一般工人與中產階級參與；
- 固定利率誘因：提供高於銀行儲蓄利率的收益，提升吸引力；
- 到期保證兌付：承諾戰後按期償還，強化政府信用形象；
- 無直接稅負壓力：透過自願認購，降低政治阻力與社會反彈。

這套設計讓債券不僅是財政工具，更是政權與民間信任連結的象徵物。

二、銀行系統的動員角色

為確保戰爭債券能迅速普及與有效流通,赫弗里希大力依賴德意志銀行與其他大型金融機構協助推廣與初期認購。銀行先行吸納大筆債券,再轉售予散戶,成為信心與資金雙重保障機構。

此外,政府亦允許銀行將債券作為抵押品申請帝國銀行再貼現,使銀行能保持流動性,減少風險疑慮,提升合作誘因。

三、民眾參與和宣傳工程

戰爭債券的推行離不開民眾的廣泛認同。政府透過大規模宣傳運動營造「購買債券即為參與戰爭」的愛國敘事。從報刊、教會到學校無一不成為宣傳平臺,婦女與兒童也被納入認購動員中。

以1916年的第五次戰爭債券發行為例,政府甚至將債券設計為具有紀念價值的圖樣,鼓勵家庭珍藏。這種情感包裝進一步淡化了其金融屬性,強化其象徵與道德訴求。

四、債券發行的財政與經濟效果

短期內,戰爭債券的發行確實為德國政府籌得大量資金。例如:1914～1918年間共發行九次債券,總額超過980

億馬克。這筆資金使政府能延後增稅、延遲貨幣過度貶值，並維持軍事與內政支出。

但長期而言，依賴債券導致債務壓力快速累積，並在戰後因賠款壓力與通貨膨脹導致大規模債務違約與貨幣信用崩潰。

五、一般觀點：戰爭債券作為社會契約工具

有學者指出，戰爭債券不僅是國家為籌措資金所採行的財政工具，更是一種在非常時期建立社會動員與政治正當性的手段。透過戰爭債券的設計與推廣，政府與人民之間建立起一種「臨時契約」關係：政府承諾保衛國家、保證債務回報，人民則透過購買債券表達支持、換取未來安全與希望。

這類觀點突顯了戰爭債券不僅具有財政與經濟屬性，更蘊含高度的象徵意義與心理訴求。然若政府未能履行承諾，或戰後重建失敗，這種信任機制就可能反轉為政治不穩與金融危機的導火線。

小結：債券經濟的輝煌與隱憂

德國戰爭債券政策在戰時成功動員大量民間儲蓄與社會情感，短期有效填補財政缺口，維持經濟與社會秩序。但此模式高度仰賴信任與戰後回報能力，一旦落空，即將轉為民

怨與金融危機。戰爭債券雖為赫弗里希政策的高峰,卻也是其政策風險堆疊的開始。

第三節　增稅與物價管控的經濟牽動

在以戰爭債券為主體的融資策略之外,德國政府仍不得不採取增稅與物價管控措施,以彌補財政赤字與維繫社會穩定。然而,這些政策的推動引發複雜的經濟牽動,尤其在階級結構、產業利害與民生消費層面產生深遠影響。

一、增稅政策的實施困難與妥協

儘管德國政府在戰爭爆發後曾多次提出稅制改革計畫,如加徵所得稅與戰時利潤稅,但在帝國議會中始終遭遇保守派與工業資本集團的阻撓。特別是對軍工企業徵收暴利稅一案,在 1916 年僅得以象徵性通過,實際課徵規模遠不足以平衡支出缺口。

因此,財政部不得不將重心轉向間接稅,如消費品稅與關稅調升,進一步壓迫低收入與中產家庭,引發社會不滿。工會與社會民主黨強烈批評此舉「以民生彌補軍事」,成為政府施政正當性的主要挑戰之一。

第二章　戰爭初期的財政策略選擇

二、物價上升與實質薪資下滑

　　戰爭期間，由於貨幣供應快速擴張與物資流通受限，物價普遍上漲。根據統計，1914～1917年間基本食品價格平均上漲超過80%，遠高於同期名目薪資的增幅。

　　雖然政府實施部分價格凍結與物資配給措施，但因執行力薄弱與黑市興起，實質效果有限。都市貧民與勞工家庭首當其衝，其消費能力大幅衰退，引發社會秩序不穩與罷工風潮。

三、物價與稅負互為惡性循環

　　增稅與通膨之間形成惡性互動。政府透過提高消費稅來擴大財政來源，但卻進一步推升物價水準，削弱民眾實質購買力，間接降低戰爭債券的認購意願，並迫使政府進一步擴大貨幣發行量。

　　這種財政與物價間的反覆交錯使整體經濟處於高度不確定狀態。企業因成本不穩而保守投資，勞工則因實質所得遞減而降低工作意願，社會動能與戰爭總體戰略目標出現落差。

四、專家觀點：物價控制的信任悖論

　　政治經濟學者指出，政府在戰爭時期面對通膨與物價波動時，若僅倚賴行政命令與臨時補貼進行價格干預，將無法

有效抑制預期心理，甚至可能因「信任落差」而引發反效果。

在德國的案例中，政府試圖以命令式價格凍結穩定民心，卻因配套不足與物資短缺，導致黑市與囤積行為蔓延，反而削弱對國家調控能力的信任，形成制度性信心危機。

小結：財政動員的社會代價

增稅與物價管控本為必要之舉，然其推動過程若未考量階層差異與社會接受度，則將演變為動員資源的阻力。德國在戰爭初期的財政與價格政策，反映出一種「軍需優先、民生次之」的政策偏誤，最終不僅損害政府公信力，更削弱整體社會動員力與戰爭持久性。

第四節　財政部與中央銀行的權力重構

在第一次世界大戰爆發後，德國財政部與帝國銀行（Reichsbank）之間的權力關係產生重大調整。為了應對戰爭帶來的資金需求與市場壓力，原本職責劃分明確、彼此制衡的財政與貨幣部門被迫加速整合，進一步形成了戰時經濟下的財政主導型金融體制。這種調整在短期內提升了動員效率，卻也種下戰後經濟失衡與通膨惡化的種子。

第二章　戰爭初期的財政策略選擇

一、帝國銀行的功能轉變

　　帝國銀行在戰前擁有相對獨立的地位，其首要任務是維持貨幣穩定與黃金儲備比例，並以限制紙幣發行為原則。戰爭爆發後，這些原則迅速讓位於對國家動員需求的服從。

　　1914年8月，政府緊急中止金本位制度，帝國銀行獲准不再以黃金儲備為基礎發行紙幣，並允許對財政部與民間銀行提供大量信用支持。此一政策變化使帝國銀行從「貨幣守門人」變為「國家財政的輔助機構」。

二、財政部主導下的信貸政策整合

　　赫弗里希上任後，積極推動「財政主導論」，強化財政部對信貸流向與政策工具的主導。他與帝國銀行總裁簽署合作協議，將軍事與政府支出視為優先放款對象，並對戰爭債券提供再貼現支持，使財政部實質控制了信貸資源分配。

　　這種安排雖促成財政部與中央銀行間的策略協調，但也弱化了中央銀行獨立性，使其無法對過度舉債與通膨風險發出有效警訊。

三、紙幣發行與市場秩序的再定位

財政部要求帝國銀行擴大量化寬鬆操作,以便支應戰費與市場穩定,導致紙幣發行量於1914～1917年間翻倍成長。此舉短期內支撐了軍事與物資採購活動,但亦推高貨幣市場供給,加劇通膨預期。

赫弗里希在國會辯論中宣稱:「唯有透過靈活金融政策與財政整合,我們才能戰勝敵人與恐慌。」此一言論反映當局將紙幣發行視為戰爭武器的一環,而非僅為貨幣政策工具。

四、中央銀行角色的制度性滑移

原本被賦予技術性與中立性角色的帝國銀行,逐步成為財政部的附屬單位,不僅在預算撥款上無實質發言權,甚至在幣值穩定政策上亦被邊緣化。

美國經濟學者麥可・博多(Michael Bordo)評論道:「當財政部主導中央銀行,將其視為政策執行部門而非獨立調控機構,則金融穩定將成為政策犧牲品。」德國正是此一典型案例。

五、戰後遺緒與制度重構挑戰

戰爭結束後,德國必須面對中央銀行制度重建與貨幣信任修復的重大挑戰。由於帝國銀行在戰時失去公信力,其後繼機構如德國國家銀行(Reichsbank,1924年改革後新設)必

須重新建立市場信任與操作中立性。

美國經濟學者貝瑞‧艾肯格林（Barry Eichengreen）指出：「戰時財政與金融制度間的界線一旦模糊，將在和平時期付出制度重建的高昂代價。」這段歷史突顯中央銀行獨立性的重要性，並影響日後全球央行制度設計的原則。

小結：政策效率與制度代價的平衡難題

戰時德國透過財政部與中央銀行的整合，成功強化資源調度與戰時金融動員，但也犧牲了金融體系的穩定性與制度自律性。當效率凌駕於制度之上，短期成效與長期代價的平衡便成為決策者難以解決的核心難題。這場財政與貨幣權力的重構，不只是行政手段的調整，更是治理理念轉型的開端。

第五節
對外貿易收縮下的貨幣政策調整

隨著戰爭爆發與國際制裁的升高，德國對外貿易迅速萎縮，進出口流動幾近中斷。這對仰賴工業原料與技術商品交換的德國經濟造成巨大衝擊，也迫使帝國政府重新檢討貨幣政策，以因應國內外匯供應不足、金本位中止與通膨壓力上升等多重挑戰。

第五節　對外貿易收縮下的貨幣政策調整

一、貿易中斷與外匯市場的緊縮

戰爭初期，協約國封鎖北海與波羅的海航線，德國的出口市場幾乎完全癱瘓，原料進口亦遭遇斷裂。此舉不僅使產業鏈失衡，也導致外匯來源枯竭，政府無法再透過正常貿易取得黃金與外幣儲備。

在金本位制形式上雖未立即宣告終止，實則已無力維持兌現承諾。政府與帝國銀行遂於 1914 年底起陸續限制黃金提領，並逐步建立「法幣導向」的貨幣體制。

二、帝國銀行的調節政策轉向

為因應市場劇變，帝國銀行開始大量擴張貨幣基礎，支持政府財政支出與銀行信用流動。1914～1917 年間，貨幣供給總量上升超過 150%，紙幣發行突破金本位兌付範圍。

帝國銀行亦配合財政部推動戰爭債券再貼現制度，允許銀行持債券向中央銀行換取資金，等同變相將國債貨幣化。此舉雖暫時緩解流動性問題，卻埋下長期通膨隱憂。

三、貨幣貶值與價格預期管理

在國內物資緊縮、貨幣供給膨脹與對外支付能力衰退的三重壓力下，德國馬克開始出現實質貶值現象。儘管當局未

明言放棄金本位,但市場早已不再視馬克為穩定貨幣,轉而湧向實體資產或外幣避險。

政府試圖透過限制匯兌與價格宣導穩定市場信心,但隨著戰爭持續,政策效果逐漸遞減。消費者物價指數自 1914～1918 年間上升近三倍,貨幣信任基礎動搖。

四、專家觀點:危機下的貨幣主權重建

貨幣理論學者指出,在戰爭這種極端環境下,國家對貨幣的主權不再僅僅是技術性兌換能力,更在於是否能維持民眾對貨幣購買力與國家信用的信心。

德國貨幣政策轉向法幣主義,表面上成功替代金本位制度,實則反映出一種以統治信任支撐貨幣價值的轉型模式。此模式若無長期制度支持與戰後經濟重建,將難以持久。

小結:貨幣政策的臨時轉軌與隱憂

面對貿易封鎖與外匯崩解,德國政府藉由貨幣政策迅速調整支撐戰時經濟。帝國銀行配合信貸擴張與貨幣替代措施,短期確保財政運作與金融穩定。然而,這種非常態政策雖應急有功,卻使貨幣制度根基日益鬆動,並埋下戰後惡性通膨與信用危機的結構性隱患。

第六節
軍工產業與財政撥款的優先排序

戰爭初期，德國面臨前所未有的軍事物資需求與工業動員壓力。在財政資源有限、物資配給緊縮的情況下，財政部必須在不同產業之間進行撥款優先排序，以確保軍事戰略的執行與內部社會秩序的維持。

一、軍工產業的資源傾斜原則

自 1914 年起，德國政府即透過國防部門將財政資源集中投向與軍事直接相關的重工業領域，包括火炮製造、彈藥供應、鐵路建設與通訊設備等。此種「戰略導向撥款」模式，使軍工企業得以快速擴張產能並獲得信貸優先權。

根據帝國財政部資料，至 1916 年底，軍事支出已占整體政府預算超過 70%，其中相當比例流向克虜伯（Krupp）等大型軍火企業，形成戰時經濟中典型的「軍工－政府聯盟」結構。

二、民用產業與消費部門的排擠效應

財政撥款集中於軍工部門，導致消費品製造、農業支援與城市基礎建設預算遭到大幅削減。紡織、食品、家庭用品等行業在資金、原料與勞動力配置上被迫讓位給軍工產業，

造成民眾日常生活供應不穩與社會不滿升高。

特別是女性與青少年被大量徵用於軍工廠工作，取代原本民生生產人力，使得勞動市場出現結構性偏斜。這種軍需優先政策在短期強化國防動員，卻在長期埋下民間經濟疲弱與通膨加劇的風險。

三、撥款決策機制的政治運作

軍工撥款的優先排序並非完全依循產能與效率原則，亦受政治考量與利益協商影響。軍部與財政部之間建立常設協商小組，負責評估各企業生產規模與戰略價值，作為預算撥款的依據。

然而，部分歷史檔案顯示，有軍工集團憑藉與軍方關係獲得過度補貼，引發議會內部質疑與輿論批評。尤其是對地方中小型企業與農業合作社的忽視，導致區域經濟失衡現象加劇。

四、專家觀點：戰時撥款與產業政策的重構

經濟政策學者認為，戰爭財政不應僅是資源挹注，更是一次對產業結構進行選擇與重構的過程。德國的撥款策略過度集中於軍工，忽略其他基礎產業與社會維生部門，造成戰後復原困難。

此外，軍工優先所形成的資源分配慣性與政商關係密切

化,亦為日後戰後通膨與產業失衡埋下伏筆。戰時政策若缺乏長遠產業視野,將使臨時撥款變成結構性偏誤。

小結:軍需導向與產業扭曲的雙重風險

德國在戰爭初期財政撥款的優先排序,雖確保軍事需求的即時滿足,卻也犧牲民生經濟與產業多樣性。軍工產業獨占資源與信貸優勢,導致整體經濟發展結構失衡。這種財政選擇在戰時看似合理,但若缺乏制度性調整與戰後轉軌規劃,最終可能造成社會動盪與復原困難。

第七節 民眾支持與宣傳機制的建構

在戰爭初期,財政動員的成敗不僅取決於稅收與信貸技術,更深植於國家能否有效喚起民眾的參與意識與集體認同。德國政府深知,若無廣泛的社會支持,其財政政策與戰爭策略將難以持久,故投入大量資源建立宣傳體系與民眾動員機制,試圖以「國家號召」取代「政策說服」。

一、戰爭債券與愛國宣傳的結合

政府將財政工具政治化,最具代表性的即為戰爭債券的情感化推廣。宣傳海報將購買債券比喻為保家衛國的行動,

將金融行為包裝成愛國義務。

例如 1915 年起的債券宣傳畫中，母親懷抱嬰兒望向前線，標語寫道「他保護你，你支援他」。這類訊息形塑出購債等同參戰的象徵效應，使民眾願意自發投入有限資源。

二、媒體、教育與教會的協同行動

官方透過報紙社論、教會講道、學校教材編修等手段構築戰時一致輿論空間。新聞稿由內政部審查，避免出現批判性聲音；牧師被要求在布道中傳達服從與犧牲的重要性；教師則將國家戰爭正當性納入德育教材。

這種「全面動員式宣傳」將公共語境全面統一，有效提升政策接受度，但同時也壓縮了民主辯論與異議空間，為戰後政治信任崩解埋下隱憂。

三、動員儀式與象徵行為的設計

為鞏固民心與建構共同體意識，政府積極設計各種集體儀式：如「國民儲蓄日」、「前線書信週」、「戰爭義賣活動」等，將民間生活與戰爭財政連結。

此外，婦女與兒童被賦予「後方英雄」角色，主導慈善縫製、捐款集資、代購債券等活動，使動員不再限於徵兵，而成為全民參與的社會工程。

四、民間社會的回應與適應

雖然早期民眾對戰爭政策響應熱烈,但隨戰事延宕與物資匱乏,基層開始出現「宣傳疲勞」與心理疏離。特別是當財政政策(如價格管制與稅收上升)侵蝕日常生活時,原有的支持態度轉為消極甚至反感。

部分歷史紀錄顯示,都市工人階層在 1917 年前後逐步脫離官方宣傳體系,轉向依賴非正式消息管道與口耳相傳,顯示民眾的接受度與宣傳效果有其臨界點。

五、專家觀點:象徵政治與情緒經濟的交錯

文化政治學者強調,現代戰爭財政需建立在「情緒經濟」之上,即國家如何將抽象的稅務與債務轉化為情感認同與道德行動。

德國經驗顯示,當宣傳手段能有效呼應社會價值時,財政動員可化解政策壓力;反之,若情緒與現實落差擴大,則將加速政治信任崩壞與社會分裂。

小結:從工具理性到象徵治理

德國政府在戰爭初期成功將財政政策融入愛國敘事,短期內動員大量社會支持,建立一套以象徵符碼為核心的治理策略。然而,當物資短缺與生活壓力逐步侵蝕這種信任,宣

第二章　戰爭初期的財政策略選擇

傳機制的效果亦隨之遞減。這顯示：財政動員不僅是資源調度，更是一場制度信任與文化塑造的雙重工程。

第八節　財政戰略的戰術性與長期風險

德國於戰爭初期所採行的財政戰略，在短期內展現出強大的動員效率與制度調度能力，無論是債券制度、貨幣政策，還是對民眾的情感動員，都構築出一種高密度的戰爭財政體系。然而，從學術觀點來看，這種策略雖有其即時戰術成效，卻同時伴隨著高度的長期風險，特別在戰後經濟與政治重建層面更顯其結構性矛盾。

一、戰術性策略的優勢與局限

從戰略學角度出發，德國政府透過債券融資、法幣貨幣化、價格控制與象徵政治，成功於短期內籌措戰爭資金，穩定國內金融秩序並強化民眾認同。這類政策展現出「即時反應、全體動員、心理整合」三重特徵，符合戰爭早期所需之資源集中邏輯。

然而，這些舉措大多建立於犧牲制度透明、壓縮多元意見與賭注未來信任的前提下。學者指出，「戰術性成功若無長期制度安排相配合，最終將在持續性需求中崩潰」。

二、制度彈性與脆弱財政的雙重表現

財政史研究顯示，德國在戰時之所以能迅速轉軌，是因其具備部分制度彈性，如帝國銀行的再貼現機制與戰爭債券的多層設計。然而，這些彈性一旦過度運用，便會轉為財政脆弱性。例如：債券市場一旦飽和，政府融資途徑即被切斷；貨幣無實體對價時，價格預期將無以為繼。

專家強調：「制度彈性需有調控邊界，否則將變成失控的財政擴張邏輯。」

三、心理戰與政策信任的消耗性邏輯

德國政府將心理戰納入財政工具，是近代國家治理策略的重要創舉，但學者也提醒，這種以情感訴求與象徵儀式來動員民意的手法，有其極限。一旦物質條件與宣傳論述出現落差，原先的信任資本將轉化為不滿與反彈。

這亦說明為何戰爭後期德國出現債券認購疲乏、罷工頻仍與民間抗議日增的現象。情感動員若無實質回饋與生活保障，將成為「情緒債務」的堆積場。

四、政策外部性與國際信用的損耗

國際經濟學觀點則指出，德國透過戰時財政手段所構築的內部信用體系，未能有效維持其外部金融聲譽。債券制度雖暫時吸收內需資金，但外匯儲備減損與對外債務償還困難，使其國際信用評價急劇下滑，對戰後國際貿易與復建融資造成長期障礙。

經驗顯示：「戰爭經濟體系若僅以內部流動支持，缺乏對外延展性，將難以應對戰後全球經濟秩序的變遷。」

小結：戰術成功背後的制度隱患

德國戰爭初期的財政戰略無疑在短期達成其資源動員目標，並透過技術與象徵雙軌構築出可觀的動員體系。然而，這些政策本身若未同步建立長期制度調整機制，將難以支撐戰後重建與社會穩定。財政治理不應止於應急戰術，更應兼顧制度信任、資本永續與國際聯動的長期戰略。

第三章
通貨政策與金融穩定挑戰

第三章　通貨政策與金融穩定挑戰

第一節　戰時馬克的發行與通貨膨脹陰影

德國在戰爭期間大量發行紙幣以支應龐大軍費，馬克的貨幣供應呈現爆炸式成長。根據帝國銀行數據，自1914～1918年間，馬克的發行總量增幅超過三倍。這種迅速擴張的貨幣政策，雖短期內滿足財政支出與信用需求，卻在社會經濟層面埋下了深重的通貨膨脹隱憂。

一、信用貨幣體系的急轉彎

隨著金本位兌現機制中止，馬克逐漸由實物支撐的貨幣轉為完全仰賴政府信用與社會信任的法幣體系。德國政府與帝國銀行主導的發鈔行動，逐步脫離貨幣需求與物價實體基礎，形成極高的貨幣乘數效應。

儘管當局強調此為「特殊時期的暫時措施」，實際上，紙幣發行已不再依循經濟週期調節，而是服務於戰爭機器運轉的主要來源，成為國庫與中央銀行融合後的政治性產物。

二、民間物價體感與市場反應

通膨壓力最初由都市中產階級與工人家庭感受最為強烈。民眾在短期內感受到物價失控的直接衝擊，尤其是基本

食品、煤炭與交通運輸價格飆升,引發生活成本與實質購買力的反比遞減。

黑市興起、囤貨行為蔓延、市場交易朝向物物交換傾斜,進一步削弱對馬克的貨幣信心。銀行亦逐漸面對存款流失與兌現壓力,儘管政府實施資本管制,仍難以遏止社會整體對通貨未來的不確定感。

三、價格管制與資訊透明的落差

政府雖試圖透過價格凍結、糧票制度與物資配給等手段應對,但政策執行力與市場反應間出現巨大落差。尤其在地區間執行標準不一與官民資訊不對稱下,官方統計失真與民間感受分歧持續擴大,削弱政策的正當性與實效性。

此外,缺乏一套完整的價格與貨幣預警體系,使得政府與帝國銀行在通膨壓力累積初期反應遲鈍,導致調控機制僅能追趕形勢發展,無法發揮前瞻性抑制作用。

四、學者觀點:戰時貨幣膨脹的結構性陷阱

貨幣經濟學者普遍認為,戰時通膨非單一政策錯誤之結果,而是整體制度功能轉向與治理模式改變所致。在德國的案例中,馬克的價值不再來自市場自由交易,而是被國家動員架構所接管,貨幣失去了作為價值衡量與儲藏工具的穩定性。

第三章　通貨政策與金融穩定挑戰

部分學者提出,「戰時紙幣發行其實等同於隱性稅收」,政府透過通膨轉嫁財政壓力至全體民眾,特別是低薪與固定所得階層首當其衝。這類評價說明通膨不僅為經濟問題,更具高度的政治與社會風險意涵。

小結：發鈔便利與信用風險的雙重代價

德國戰時對馬克的大量發行,雖為財政需求提供迅速應急解方,卻也直接導致通貨膨脹與信心危機的持續擴大。在制度轉型與監督機制不足下,貨幣政策失衡的結果,不僅威脅戰時經濟穩定,更成為戰後復原與改革的沉重包袱。

第二節
德意志銀行與國家信用的結合與衝突

一、帝國金融引擎的誕生與角色定位

德意志銀行（Deutsche Bank）創立於西元 1870 年,原意在於提升德國對外貿易與產業投資能力。然而,隨著德意志帝國國家建構的推進,該銀行迅速從民間金融機構,演變為帝國財政體系的重要支柱。它不僅協助發行公債、整合資本

市場，更在軍備擴張與戰時動員中發揮關鍵作用，成為國家信用背後不可或缺的金融代理。

二、戰爭動員下的信用合作機制

在第一次世界大戰爆發後，德意志銀行成為國家戰爭融資的主要平臺之一。它與中央銀行共同協助國債發行、資金再分配與資源調度。銀行體系成為軍需產業的中樞命脈，資金流向由市場原則轉為政治與軍事優先導向。國家信用與銀行信用開始高度綁定，公私界線日漸模糊。

三、政治依附與風險集中化

隨著戰爭持續，德意志銀行的資本流動日益依賴政府財政安排，進而導致其自身信用與國家財政風險深度共振。銀行放貸結構扭曲，資產負債比異常擴張，許多風險在戰時被掩蓋，但實際上已形成潛在危機。政治依附削弱了銀行的商業自主性，也將金融機構捲入國家決策的道德風險之中。

四、國家信用的虛構膨脹與市場失靈

德國政府大量發行戰時債券，透過德意志銀行與其他銀行體系促銷，形成表面上的信用繁榮。然而，這種信用建立並非基於生產與儲蓄的現實，而是建立於對勝利與還本的政

第三章　通貨政策與金融穩定挑戰

治信仰。銀行成為虛構信用的流通通道，當戰爭局勢惡化，市場信心瓦解，銀行體系即無法回應大量兌現與資產流失。

五、戰後清算與制度信任的修復困境

戰後，德意志銀行不得不面對沉重的不良債權與資產重估問題，政府亦無力提供實質補償。儘管表面上保有存續，其聲譽與國家信用一樣陷入低谷。原本應為穩定機器的銀行體系，反而成為政治金融聯盟失敗的象徵之一。此一經驗使得後來的威瑪政府在重建信用體系時，面臨嚴重的制度信任斷裂與社會質疑。

小結：從合作走向捆綁的制度警示

德意志銀行與帝國政府在戰時的密切合作，從初期的協力動員逐步演變為危險的信用綁定。當商業銀行失去獨立評估與風險控制能力，並全面投入國家融資機制，其最終結果並非國家與市場雙贏，而是雙方在危機中一同沉淪。此一歷史教訓提醒我們，國家信用與金融機構之間的結合若缺乏制度節制與倫理邊界，將可能反噬整體經濟秩序與社會穩定。

第三節　金本位制度的停擺與後果

　　第一次世界大戰的爆發代表著德國金本位制度的實質終結。儘管政府未正式宣布脫離金本位，實務上自 1914 年 8 月起即停止黃金兌換，轉向法幣制度。這一政策變化在短期內為戰爭提供資金靈活性，卻也引發一連串金融信任、物價穩定與貨幣政策正當性等問題。

一、金本位的終止與法幣化過程

　　戰爭爆發初期，帝國銀行即停止黃金兌換服務，並要求市面上流通之黃金硬幣逐步回收。政府宣稱此為「臨時非常措施」，但隨著戰事延宕，馬克逐漸失去與黃金的對價關係。

　　帝國銀行與財政部合作擴大紙幣發行量，並賦予戰爭債券與國庫券法償地位，使馬克完全轉化為由國家信用支撐的法幣。此一過程中，貨幣政策不再以穩定幣值為目標，而轉向支撐財政支出的從屬角色。

二、貨幣信心危機與價格波動

　　金本位的停擺直接動搖馬克的內部與外部價值認知。民眾對紙幣的信心轉弱，紛紛將資產轉為黃金、外幣或實物財產儲藏，引發市場需求扭曲與價格劇烈波動。

第三章　通貨政策與金融穩定挑戰

通膨壓力隨著紙幣發行量上升而持續增長。統計顯示，1914～1918 年間馬克購買力下跌超過三分之二，對工人與低收入家庭影響尤為嚴重。這種惡性循環進一步削弱政府政策可信度與宏觀經濟穩定性。

三、國際結算與外匯地位的崩解

金本位曾為德國與其他主要金融中心進行國際結算與資本流動的制度保障，停擺後，馬克失去國際可兌換性，外資對其避之唯恐不及。德國被逐出主要金融市場，對外貿易與資本進出管道皆遭嚴重限制。

特別是在倫敦市場中，馬克相關信用工具遭拒收，清算機構將德國視為「信用無法驗證國」，進一步壓縮其戰時與戰後國際融資能力，削弱國際政策籌碼。

四、專家觀點：制度信用與經濟主權的交換

貨幣制度研究者普遍認為，金本位雖非完美機制，然其提供穩定性與透明性。德國選擇以經濟主權換取財政靈活空間，短期內有效應戰，卻也失去了制度信用的支撐。

「當貨幣價值由政府單方面決定，且無制度牽制時，其購買力必將隨政治意志波動。」此種觀點指出，德國的戰時選

擇實際上將其貨幣體系推入高風險區域，後續需付出極高信任重建與通膨治理成本。

小結：從黃金保障到信用斷裂的轉折

金本位制度的停擺對德國戰時經濟提供了短期資源調度彈性，但也導致貨幣價值喪失錨定機制，民間信心流失，國際聲譽瓦解。這一轉折象徵戰時財政體制進入「非常態治理」階段，也為戰後通膨失控與經濟重建困難埋下深層伏筆。

第四節　金融市場的投機潮與管制政策

金本位制度停擺後，德國的貨幣體系快速轉向依賴法幣與戰爭債券支撐，導致資金流動性過剩與市場預期失衡。這種結構性轉變不僅擴大通膨壓力，也為金融市場帶來前所未有的投機機會，促使政府不得不採取一系列臨時性與制度性的管制手段，試圖平抑市場波動並遏止經濟泡沫。

一、投機行為的誘因與擴張

戰爭期間，由於紙幣發行過度與物資供應不穩，實體資產與外匯價格快速上漲。大量民眾與企業將手中資金轉向黃金、外幣、房地產、農產品囤積與轉售，造成資產價格飆升

第三章　通貨政策與金融穩定挑戰

與市場過熱。

在股票市場上，部分以軍工為核心的上市公司股價出現非理性增幅，形成戰爭紅利與金融泡沫的雙重結構。加上官方對價格走勢反應遲緩，使得投機者得以在灰色空間中套利獲利。

二、政府管制措施的實施與效果

為應對市場過熱與貨幣失序，德國政府自 1915 年起陸續實施以下管制政策：

- ◆ 外匯交易須經許可；
- ◆ 黃金買賣限制與徵收；
- ◆ 股票交易時間與價格幅度管制；
- ◆ 針對戰爭物資與糧食進行價格上限設定與強制配給。

雖然這些措施在短期內壓制部分市場炒作行為，但也引發法規規避、黑市交易與地方執行力不足等次生問題，效果呈現區域與產業差異性。

三、法規空白與制度性套利

戰爭初期，德國尚未具備完整的金融市場監理架構，許多新型金融操作未納入法規範疇。投機者利用法律空隙透過「紙上公司」、資產轉貸與外匯對沖等技術操作賺取價差。

部分軍需企業與其配合廠商更透過內部訊息提前布局市場，引發利益輸送與公平交易爭議，進一步損害政府信用與民眾信任。這使得金融市場由原先的資本配置平臺轉變為特權套利場域。

四、專家觀點：金融治理與戰時國家能力

經濟社會學者普遍指出，金融市場在戰爭情境中不僅是資金集散地，更是觀察國家治理能力的窗口。德國在戰時對投機行為的容忍度與應對速度，反映出其制度設計的彈性不足與法規建構的延遲。

有觀點認為：「當金融市場成為投機者與政商權力的交界點，貨幣體系的脆弱性將不僅是經濟問題，更是國家信任與治理正當性的核心挑戰。」

小結：從秩序維穩到市場失控的轉折

德國在戰時金融市場的管制與應對策略，顯示出政府試圖在穩定市場與維持流動性間取得平衡，但制度空白與資訊不對稱卻使投機活動如野火蔓延。這一階段突顯出戰時財政與貨幣政策若未與金融監理同步調整，將難以防範市場由秩序走向失控，最終衝擊整體經濟穩定基礎。

第三章 通貨政策與金融穩定挑戰

第五節
外資與中立國資本流入流出情勢

在第一次世界大戰全面開打後，德國不僅面臨內部財政壓力，也逐步失去國際資本市場的支持。特別是在與協約國敵對的背景下，外資撤離、中立國資金觀望，成為金融穩定的另一個變數。資本的流入流出變化，不僅反映市場對德國信用的判斷，也暴露出戰時金融制度的脆弱性與地緣政治對貨幣秩序的深層影響。

一、外資撤離與金融孤立化進程

戰前，德國與英、美、荷等國保持密切金融往來，特別在倫敦市場上擁有大量以馬克計價的票據與信貸工具。戰爭爆發後，這些資產立即遭遇清算或凍結處理，德國商業銀行在海外分支機構亦遭封鎖。

美國雖在戰爭初期保持中立，但因國內輿論與金融風險考量，逐漸收緊對德資企業的信貸與資產保障政策，使得德國實質上陷入金融孤立。德國對外償債能力大幅下滑，對全球資本市場的可接近性驟降。

二、中立國資本的戰略性觀望

與德國仍有往來的中立國（如瑞士、瑞典、荷蘭）在戰時持續與之進行部分金融交易，然而這些資金多為短期套利性質。投資者多數聚焦於黃金買賣、債券兌換與貴金屬期貨，避開長期實體投資。

此外，部分中立國銀行對德國的貨幣與財政政策採取高度保留態度，雖有意藉機獲利，卻亦擔憂戰後國際結算體系如何對待與德方合作資產。此種投資觀望加劇德國內部資金壓力，並削弱貨幣穩定政策的對外可信度。

三、資本管制與國內匯兌環境惡化

面對資本流出與外匯短缺，德國政府實施一系列外匯與資本帳管制政策，包括：

- 限制黃金與外幣出境；
- 強制外匯收歸國家統一管理；
- 禁止居民持有與交易特定外幣資產；
- 設立特別審核機構審查跨境投資行為。

這些措施在一定程度上延緩資本外逃速度，卻同時損害市場信心，使黑市與地下匯兌活動興起，並影響匯率形成的透明性與穩定性。

四、專家觀點：資本控制與主權風險的交錯

國際金融學者普遍認為，德國在戰時實施的資本控制，雖為必要之舉，卻亦揭示了貨幣主權與國際金融信用間的根本張力。資本自由流動需建立於信用預期之上，當一國貨幣政策以戰爭為導向時，其信用評價將難以維持長期一致性。

部分觀點指出：「當國家為了戰時財政需求切斷資本邊界，其後果不僅是投資遲滯，更是國際秩序對其信任機制的結構性否定。」這也說明戰後德國難以迅速重建國際金融地位的原因。

小結：資本流動中的信任重構困境

德國在戰時失去外資支持與中立國資本信任，使得其金融系統面臨內外交迫。儘管資本管制短期內維持匯率穩定與外匯儲備，卻也造成市場效率下降與制度信任惡化。此一階段揭示資本流動不僅為經濟現象，更是制度信任、國際連繫與主權政策協調的多重競合場域。

第六節　市場信心與政府透明度之矛盾

德國在戰時為了維持金融穩定與社會秩序，必須在市場信心與資訊管制之間尋求平衡。然而，政府對於財政狀況、通膨趨勢與外匯壓力的選擇性揭露與訊息控制，反而加劇市

場不安，使金融信任陷入困境。這種矛盾不僅削弱政策效力，也反映出戰時國家治理與現代金融邏輯之間的根本衝突。

一、資訊控制與市場信任的落差

戰爭期間，德國政府實施新聞審查制度與統計資料審核機制，對於物價上升、債務總量、貨幣發行數據等關鍵經濟指標進行篩選與延後發布。雖然官方目的在於避免恐慌與敵方情報掌握，但對投資人與民眾而言，這種不透明反而強化預期心理的不穩定性。

市場參與者普遍對官方數據產生懷疑，轉向依賴非正式資訊與民間網絡，導致謠言與恐慌性拋售行為頻仍。投資決策不再依據公開數據，而是根據政治風向與「街頭指數」行動，使馬克價格與市場評價失去理性基礎。

二、金融決策過程的行政化趨勢

為因應緊急情勢，德國政府在財政與金融政策的制定上逐步減少與議會的討論與民間諮詢，轉為高度集中化的行政命令。央行與財政部密切合作，由內閣小組拍板重大貨幣與稅制決策，排除外部監督與討論空間。

這種高度行政化雖加快決策速度，卻也削弱制度信任與政策正當性。特別是在面對市場不穩與資本流動壓力時，缺

第三章　通貨政策與金融穩定挑戰

乏透明協商機制使市場更易將政府行為解讀為不理性風險訊號，進一步削弱馬克信用。

三、公民信任與政策宣導的錯位

德國政府雖投入大量資源進行宣傳與動員，但其政策說明內容與實際措施常出現落差。例如在控制物價與保障生活必需品供應上，宣傳持續強調「穩定與公平」，但民眾在實際生活中卻面對長時間排隊、糧票不足與黑市交易。

這種認知錯位促使民眾質疑政府誠信，並懷疑政策是否真能兌現承諾。在戰爭壓力下，政府未能有效連結政策語言與社會現實，導致信任鴻溝不斷擴大，甚至影響戰爭債券的認購意願。

四、專家觀點：現代金融的透明性邏輯

金融政治學者指出，現代貨幣體系運作需建立在高透明度與穩定預期基礎上。當國家因戰爭理由對資訊進行過度管制，實際上破壞市場對其政策可預測性的判斷能力。

部分觀點認為：「政府試圖用秘密與控制替代信任與資料，最終將導致市場在不確定性中自行建構劇烈反應機制。」這類反應一旦形成集體動能，足以撼動貨幣穩定與財政空間。

小結：不透明政策的代價

德國戰時政府為維持國內穩定與打擊敵方情報而壓縮資訊自由，初衷可理解，但長期而言卻損害市場信心與政策效能。當公民與投資者無法從官方獲得可信資訊，將轉向非理性反應與自我防衛行動，最終可能讓國家治理陷入信任失靈的惡性循環。

第七節　新貨幣體制改革的未竟之業

隨著戰事推進與通貨膨脹惡化，德國內部對於貨幣制度改革的呼聲逐漸高漲。政府與學界皆意識到，戰前金本位的穩定機制已不再適用，而戰時法幣體系則缺乏長期可持續性。因此，自1917年起，德國財政部與帝國銀行曾試圖推動一套更具制度化的新貨幣改革藍圖，惟因政治、經濟與軍事環境限制，改革最終未能完成，成為戰後金融重建的一大遺憾。

一、重建信用機制的初步構想

改革構想的核心，在於建立一套「貨幣信任重建機制」，以取代單純依賴國家命令與政治意志的法幣體制。具體作法包括：

第三章　通貨政策與金融穩定挑戰

- 建立準金本位或貴金屬背書制度；
- 設立獨立貨幣監理機構；
- 調整戰爭債券與國庫券的市場轉換機制；
- 強化帝國銀行的資產負債管理透明度。

這些設計旨在提升馬克的長期信譽與國際兌換能力，同時穩定民間對價格與貨幣的預期。

二、改革阻力與利益糾葛

儘管構想合理，但改革進程受到數項重大阻力。一是軍方不願讓出對貨幣政策的影響力，認為緊縮性改革將影響戰爭財政調度彈性。二是金融資本與軍工集團對既有體制具高度依賴，傾向維持現狀以持續受惠於信貸擴張與政府合約。

此外，議會內部亦未能形成改革共識，保守派主張戰後再議，社會主義政黨則要求更大規模的財政民主化與貨幣國有化，雙方未能整合為有效政策框架。

三、戰後通膨危機的制度伏筆

改革遲緩與設計不足，使得戰爭結束後德國缺乏即時貨幣體制轉軌機制，導致1919年後惡性通膨迅速爆發。根據歷史統計，1923年馬克貶值幅度創下近代世界紀錄，直接影響

社會穩定與威瑪共和政權的合法性。

許多經濟史學者認為，若戰時能啟動至少部分的貨幣制度重建，將可減輕戰後通膨規模與金融秩序混亂程度。然而，因戰時政治結構與利益綁架，改革未竟，成為制度斷裂與國家信用崩潰的重要導因。

四、專家觀點：制度創新與戰時政略的矛盾

貨幣制度學者指出，重大體制轉型往往需在社會動能與政策窗口同步出現時方能成功。德國在戰爭中期雖擁有技術構想與行政經驗，但缺乏制度彈性與政治協調能力。

有學者直言：「戰爭使國家具有壓倒性動員能力，卻也封閉了制度創新的空間。」當制度設計遭壓抑於軍事緊急邏輯之下，即便改革具可行性，也難以落地實施，最終僅能作為紙上藍圖。

小結：制度構想與改革時機的錯失

德國於戰時曾試圖重建貨幣體制，以回應信用危機與國際評價壓力，惟因軍事優先、政爭持續與利益集團牽制，導致改革未竟。這一過程突顯制度重建需結合政治意志、民意共識與戰略時機，否則即使藍圖完備，也難抵實際政治結構的惰性與掣肘。

第三章　通貨政策與金融穩定挑戰

第八節　戰爭中的貨幣理論適用性

第一次世界大戰徹底顛覆了傳統貨幣理論所依賴的經濟常態前提。金本位制度的中止、法幣大量發行、國家財政主導市場資源分配，以及政府對價格與信用機制的直接介入，使經濟學者與金融理論家開始重新審視戰爭情境下貨幣理論的適用邊界與修正可能。

一、傳統貨幣理論的局限暴露

古典貨幣理論強調貨幣供給量與價格穩定的線性關係，但在戰時德國的大規模貨幣擴張情境下，價格走勢受配給制度、價格上限與心理預期所強烈扭曲。這使得「貨幣中性」的假設在非常態條件下失效，亦使數學模型難以捕捉戰時實際價格變動的社會脈絡。

部分理論家提出修正觀點，認為在極端動員狀況下，貨幣應視為「社會動員工具」而非純粹交換媒介，其價值建立在國家組織動員能力與民間對統治秩序的接受程度上。

二、制度性貨幣觀點的崛起

面對馬克價值波動與金融秩序混亂，制度經濟學者提出「貨幣作為制度安排」的觀點。他們指出，貨幣之穩定性來自

於一整套制度支持體系,包括中央銀行獨立性、資訊透明、國家信用連續性與法律執行力。

這種觀點主張,若制度框架失效,即使擁有形式上的中央銀行與貨幣工具,也無法有效維持市場信任與價格秩序。德國戰時體制恰好說明制度空洞化下,貨幣工具將迅速淪為政治工具而非經濟穩定器。

三、貨幣與主權:政治經濟學視角

從政治經濟角度出發,戰爭強化國家對貨幣的絕對控制,也揭示出貨幣主權與民主機制間的張力。政府為維持戰爭財政,不惜擴張發鈔與削弱銀行獨立性,形成「財政主權凌駕貨幣規律」的現象。

學者指出:「當貨幣成為政權合法性的延伸,其政策選擇將不再由理性市場預期主導,而是服從政治生存的迫切需求。」這使得貨幣政策失去反身性與可預測性,加劇金融與社會的不穩。

四、後設反思:戰時經濟與理論建構的斷裂

不少歷史與理論學者強調,戰時經濟的特殊性揭露出理論建構本身的局限。傳統貨幣學多建立在和平、貿易與資本流動正常的假設之上,一旦面對全球封鎖、物資短缺與金融

第三章　通貨政策與金融穩定挑戰

隔絕等情境,其預測力與解釋力大幅下降。

因此,有觀點主張應建立一套「戰時經濟理論分支」,將危機狀態納入常態經濟理論架構中,從制度演化與歷史經驗出發重建貨幣穩定的社會邏輯。

小結:貨幣理論的戰時考驗與重構

第一次世界大戰突顯出既有貨幣理論在極端情境下的適用性局限,促使學界對貨幣價值來源、制度依附性與政治邏輯進行重新省思。戰爭不僅改變了貨幣的使用方式,也迫使學術界跳脫既有範式,開展更具彈性與歷史感的貨幣理論重構工程。

第四章
經濟戰與封鎖下的對外應變

第四章　經濟戰與封鎖下的對外應變

第一節　英國海上封鎖與德國應對之道

隨著第一次世界大戰爆發，英國立即動用其全球海權優勢，對德國發動全面性的海上封鎖行動。英國皇家海軍封鎖北海出入口，斷絕德國與中立國間的海運貿易，並透過外交手段壓制其他國家對德國的經濟援助，構成一場涵蓋貿易、金融與情報的現代化經濟戰。

一、封鎖戰略的設計與執行

英國封鎖政策並不僅止於戰略港口的實體圍堵，更透過國際法框架與中立國壓力雙管齊下。英方強調其封鎖行為符合「戰時海權法」，但實際上涵蓋範圍遠超傳統軍事物資，擴及糧食、藥品與原料，對德國社會民生與軍工產業均造成巨大衝擊。

皇家海軍部署巡防艦隊監控整個北海、波羅的海與英吉利海峽，並強迫中立國船舶停靠英國港口接受檢查。許多貨輪因懼於遭攔截而避開與德國貿易，使德國進口大幅縮水。根據歷史統計，至1916年底德國進口總量較戰前減少近四分之三。

二、潛艇戰與外交風險的升高

面對海上封鎖，德國除試圖外交斡旋中立國協助運補外，亦發展潛艇戰作為報復性對策。潛艇部隊大規模部署於

大西洋與英倫周邊水域,對英國運輸線造成顯著威脅,亦對美國與其他中立國構成壓力。

潛艇政策的擴張雖短期奏效,但亦導致若干中立船舶遭擊沉,引發外交爭議並最終促成美國參戰。此舉顯示德國對封鎖回應的戰略兩難:若強力反制將擴大戰線,若被動承受則國內資源枯竭。

三、替代品技術與自給努力

封鎖期間,德國加速人工合成技術開發,特別在硝酸、橡膠、燃料等戰略資源領域建立替代品生產系統。以化學工業為核心的「戰略合成經濟」被視為戰時科技創新的代表,巴斯夫與拜耳等企業在此期間取得重要突破。

但由於時間與原料限制,自給化進程仍面臨瓶頸,未能完全彌補進口缺口,最終仍需搭配配給與價格控制政策應對。

四、糧食供應體系與社會壓力

糧食危機隨封鎖深化而加劇。德國政府設立糧食局,推動統一配給制度,並推廣都市農耕與社區糧食儲備計畫,動員學生與婦女投入耕作,象徵全民抗封鎖的社會運動。

儘管政策初衷積極,但由於農村生產亦受男性徵兵與資

源短缺影響,導致糧價高漲、黑市盛行,城市出現飢餓抗議與公共不安事件,進一步考驗國家治理能力。

五、國內動員體系的調整與失衡

面對長期封鎖,德國將軍事經濟與民間經濟統整為一體,試圖打造全方位戰時國家。然而,戰時體制下的資源分配呈現軍事部門優先,導致民用物資與社會服務嚴重縮減,引發勞工抗議與基層不滿。

戰爭原料署與糧食局等機構雖建立集中管理機制,但由於中央與地方協調不良、資訊落差嚴重,政策執行難以達到一致效果,反使民間對國家能力產生懷疑。

六、國際觀感與中立國態度

封鎖與反制措施亦引發中立國觀感變化。部分國家如荷蘭、瑞典對德國表示同情,並嘗試斡旋放寬貿易限制;但隨著德國潛艇政策強硬化,這些支持逐漸轉淡。

德國外交部試圖營造「被封鎖者」的正義形象,以爭取輿論同情,惟英美媒體掌握話語權,將德國描繪為威脅全球秩序的軍國體制,限制其國際形象重建空間。

七、專家觀點：經濟封鎖與國家治理韌性

學者普遍認為，經濟封鎖對德國的最大考驗不在物資本身，而在制度韌性的壓力測試。當國家必須在資源極限中重組生產、分配與輿論系統，才能辨識其治理能量的真實底線。

若從制度演化視角觀察，德國經驗提供戰時經濟治理的重要範例：即便科技能力足夠，若缺乏社會整合與民間信任，國家無法完成總體動員，也難以支撐長期戰略目標。

小結：制海封鎖與應變治理的對決

英國對德國發動的海上封鎖，顯示經濟戰爭已成現代戰爭的重要構成。德國面對封鎖的應對措施，在科學、組織與軍事層面皆展現強大能量，卻仍無法根本扭轉外部依賴結構所帶來的壓力。此一階段的對外應變政策，既是德國戰時體制的韌性測試，也揭示經濟全球化環境下，任何戰爭都無法離開對外資源與國際制度的深層連結。

第二節　中立國轉口貿易的外交博弈

在英國實施全面海上封鎖之後，中立國的角色迅速成為德國對外補給與經濟存活的潛在緩衝地帶。瑞士、荷蘭、丹麥與

第四章　經濟戰與封鎖下的對外應變

瑞典等國，地處歐洲交通樞紐與貿易要道，其轉口功能既為德國提供迂迴通路，也成為協約國壓力下的外交角力場域。

一、中立國的地緣經濟優勢與政治風險

中立國雖未正式參戰，但其地理位置與工業能力使其成為戰時轉口貿易的重要節點。荷蘭透過鹿特丹港與萊茵河航道成為物資集散地，瑞士則憑藉對德、法雙方的交通通道與銀行體系，成為資金與物資過境的核心。

然而，這些優勢也使中立國陷入外交壓力旋渦。一方面需維持經濟利益與德國貿易往來，另一方面又承受英國與法國要求其配合封鎖政策的強烈壓力。

二、轉口模式與統計黑數問題

中立國對德轉口多採間接模式進行，包括「中立轉包」、「雙重出口」與「貿易代管」等手段。舉例而言，瑞士廠商將瑞典進口的化工原料轉售予德國企業，形式上不違反國際禁運規則，實則充當戰時補給中樞。

德國亦利用「貿易黑數」與「貿易調整帳戶」掩飾實際交易數量，使官方統計低估其對外依賴程度，進一步混淆外國情報部門的分析判斷。

三、外交談判中的妥協與交換

德國與中立國之間頻繁進行貿易協議與補充條約談判，試圖爭取物資流通最大化。相對地，中立國亦要求德方保證對其商船安全與政治中立不被侵犯。

英國亦積極介入中立國內政與外交談判，透過提供進口配額與金融援助誘導中立國配合其戰略封鎖安排，並派遣商務特使駐在中立國，監控貿易流向。

四、國際輿論與道德中立的挑戰

戰爭使中立國陷入道德與現實的雙重矛盾。部分輿論批評中立國「假中立真助戰」，尤其是在轉口軍需品與金融流向德國的情況下更為明顯。

此種輿論壓力迫使部分中立政府收緊對德出口許可，或主動接受英方監督制度，以維持自身國際形象與戰後談判籌碼。

五、商業利益與國家主權的張力

在轉口貿易中，中立國商業利益與政府政治立場經常出現分歧。許多大企業傾向維持與德方關係以穩定營收，而政府則需顧及外交中立與長期安全。

第四章　經濟戰與封鎖下的對外應變

這種內部拉鋸導致政策搖擺與執行落差，部份貿易禁令在實務中被迂迴規避，亦引發社會內部對戰爭角色的討論與分裂。

六、德國外交部的策略運用

面對外部封鎖與中立國壓力，德國外交部運用「經濟援助＋政治承諾」策略，維繫與中立國的密切關係。透過銀行貸款、優先貿易合約與雙邊稅務協定，德方試圖建立制度性互賴。

然而隨著戰事推進與協約國壓力加劇，許多中立國逐漸調整立場，轉向更親英的經濟政策，使德國面臨次級外交孤立化的危機。

七、專家觀點：中立政策的制度邊界

國際政治學者普遍認為，中立政策在總體戰爭架構中難以長期維持。當經濟壓力與制度連繫超越主權調控空間時，中立國將被迫在多邊體系中表態選邊。

德國案例揭示，在制度性聯結（如金融結算、運輸管制、糧食協定）日益國際化的情境下，中立不再是靜態身份，而是一種需不斷協商與防禦的政治經濟位置。

小結：中立空間的收縮與戰爭邏輯的滲透

中立國雖試圖在戰時維持自主性與平衡外交，但其地理與制度特性使其終究難以置身於經濟戰爭之外。德國對中立國的外交博弈不僅是一種經濟補給策略，更是現代戰爭對制度邊界與主權靈活性的深度挑戰。

第三節　海底電纜與情報經濟戰

隨著戰爭全面展開，通訊科技與情報系統成為經濟戰的重要支柱。海底電纜與無線電報不僅負責軍事命令傳遞，更承載全球貿易與金融流的核心資訊。英國在戰爭初期即控制大部分海底電纜節點，藉此切斷德國對外溝通管道，並實施系統性的訊息攔截與分析，開啟了一場無聲但深遠的情報經濟戰。

一、英國掌控全球電纜網的戰略優勢

早在戰前，英國已建立以倫敦為中樞的全球海底電纜網絡，透過殖民地與中繼站連結五大洲。戰爭爆發當日，皇家海軍即切斷德國通往美洲與非洲的主要電纜，並占領關鍵電纜轉接站，使德國迅速喪失國際通訊主導權。

這些行動不僅造成德國外交延誤，更使其金融資訊與商業指令無法即時傳遞，進一步孤立其國際貿易操作。

第四章　經濟戰與封鎖下的對外應變

二、訊號攔截與密碼破解機構的運作

英國戰時設立專門情報部門「40號室」（Room 40），負責攔截並解碼德國海軍與外交訊息。透過對海底電纜與無線電波的掌控，英方成功破解多項戰略電文，包括著名的齊默爾曼電報事件，成為外交與軍事策略的重大突破點。

這些情報不僅用於戰場決策，更協助掌握德國與中立國之間的隱性交易與資本移動，強化英國對經濟戰全局的掌控。

三、德國通訊網的替代與困境

德國面對電纜被斷與訊號遭控的情況，嘗試透過無線電報、外交郵袋與中立國轉信等方式維繫對外聯絡。但這些替代手段傳輸緩慢、易遭干擾，亦無法避免資料外洩與內容被審查。

此外，德國建設的電報船與短波通訊臺多遭英法聯軍阻截，技術與地理劣勢造成訊息戰的全面被動化，進一步削弱其外交與經濟活動的即時應變能力。

四、商業電訊與金融情報的轉化功能

情報戰不僅集中於軍事訊息，亦涵蓋商業與金融資料。倫敦保險市場、商品期貨交易所與跨國銀行系統中傳遞的大

量電報內容,皆被英方納入攔截範圍。英國利用這些資料分析德國進出口動向、企業策略與資金流向,為制定貿易封鎖與金融制裁政策提供依據。

此舉顯示戰時資訊並非僅為輿論宣傳所用,更直接參與經濟政策與資源分配,成為國家治理與經濟戰略的一環。

五、通訊技術的軍民雙重角色

通訊設備如電報、短波發報器與加密機器具備明顯軍民兩用性質。德國嘗試建構「民用企業偽裝網絡」,藉由銀行、貿易行與新聞社發送敏感資訊,但多遭英方識破。

此外,科學界與軍方合作加強密碼編譯技術,催生出戰時密碼學體系雛形,為戰後情報科技發展奠定基礎。這反映通訊技術在戰時已成跨部門整合的高度戰略資產。

六、中立國的電訊中介與道德風險

在英德之間,瑞士與瑞典等中立國成為電報與電訊過境的重要節點。部分中立國通訊機構接受德國委託發送商業密電,但同時亦與英方合作提供備份資料與訊號監控報告。

這種雙邊合作帶來政治與道德風險,引發戰後對中立國電訊政策的制度審視,並成為國際通訊協議規範的催化劑。

七、專家觀點：資訊控制與經濟戰治理的界線

歷史通訊學者認為，第一次世界大戰代表著「資訊成為經濟戰武器」的轉捩點。通訊技術不僅加速命令流動，更成為政經體制間競爭的制高點。誰掌控資訊通道，誰就能重塑戰爭與市場規則。

有觀點指出：「海底電纜比戰艦更能癱瘓一國經濟體系。」此語道出現代戰爭中，資訊與基礎設施不再僅為後勤支撐，而是前線戰略本身。

小結：資訊封鎖下的無形戰線

德國在資訊通道上的弱勢，使其在經濟戰場上先天受限。英國透過對電訊基礎建設與商業通訊資料的全面掌控，實現對德國經濟活動的無形打擊，這不僅重新定義戰時情報角色，也預示現代資訊社會中通訊主權與國家安全的深度交纏。

第四節 軍火原料的國際取得困難與替代品研發

第一次世界大戰期間，德國面臨的不僅是正面戰場壓力，更有來自物資供應鏈的結構性危機。受限於英國海上封

第四節　軍火原料的國際取得困難與替代品研發

鎖與全球貿易系統的排斥，德國在多種軍火原料上出現嚴重短缺，特別是在金屬、橡膠、石油與硝酸等核心軍需資源上。為因應供應中斷，政府與企業界展開大規模替代品研發運動，展現出科技動員與經濟組織的高度整合。

一、金屬與稀有礦產的斷鏈衝擊

德國戰時大量依賴銅、錫、鎢、鉬等金屬製造彈藥與武器部件，而這些原料多數需自亞洲、非洲與南美洲進口。封鎖下，進口來源幾近全斷，導致生產線停擺與設備耗損。

政府隨即啟動金屬回收計畫，包括拆除教堂鐘、民用電纜與廢舊機械，並鼓勵群眾捐出金屬器物支援前線。雖略緩供應壓力，但回收金屬品質與純度不一，對軍工品質仍構成挑戰。

二、橡膠與機動力的瓶頸

橡膠是製造輪胎、傳動帶與防水裝備的關鍵原料。由於天然橡膠主要來自英國控制的馬來亞與非洲殖民地，德國在戰初即被切斷供應。

為應對困境，德國政府與化學企業如 BASF 等合作，積極推動「人造橡膠」（Buna）技術的研發與實驗。該技術雖在戰時尚未完全成熟，仍顯示出德國在關鍵原料短缺下尋求技術突破的政策方向。

第四章　經濟戰與封鎖下的對外應變

三、硝酸與火藥原料的自主合成

　　硝酸為火藥與炸藥的重要化學基底，傳統需自智利硝石提煉而得。戰前德國大量進口智利硝石，然戰爭爆發後海路封鎖使進口斷絕，嚴重影響火藥產能。

　　為突破瓶頸，哈伯法（Haber-Bosch Process）成為革命性技術突破，透過人工氮固定法大量製造氨氣，再轉化為硝酸，實現硝酸國產化。

　　此技術不僅穩定德國軍火供應，也奠定戰後化學工業的制度基礎，成為現代農業與能源化學的重要支柱。

四、燃料與合成石油技術的嘗試

　　石油作為現代戰爭核心動力來源，德國嚴重依賴進口。封鎖後，內部僅能依靠少量波蘭油田與人工合成燃料因應。

　　德國投入資源於煤轉油技術（Fischer-Tropsch process），並改裝部分戰車與機具使用煤氣與酒精混合燃料。此種代用燃料雖效率不高，但成為維繫戰場機動能力的過渡技術。

五、生物技術與藥品供應的風險管理

　　戰時藥品短缺亦構成戰略風險。德國失去多種來自熱帶地區的草本與動物製藥來源，如奎寧（抗瘧）、嗎啡等藥物，

對野戰醫療影響甚鉅。

科學機構如拜耳藥廠加強合成藥品研究,成功開發出阿斯匹靈、巴比妥與其他替代藥品,緩解部分醫療壓力,並為戰後藥品標準化鋪路。

六、軍需企業與科學家的戰略合作

面對原料危機,德國政府與軍需企業(如拜耳、BASF、克虜伯)建立「科技－軍事聯合體」,實現研發資金集中、研究人員軍事編制化與成果直接應用。

這種結構促使戰時科技研發效率提升,也使德國工業研究機構首次與國家戰略緊密連結,創造「實驗室即戰場」的現代軍工體制雛形。

七、專家觀點:技術替代與資源韌性的邊界

經濟史學者認為,德國在戰時展現出超越時代的科技應變能力,顯示制度設計與技術動員的強大潛能。然而亦有學者指出,替代技術無法完全取代原料依賴,且研發需龐大時間與成本,在長期戰爭中難以迅速見效。

換言之,科學雖能延緩戰略崩潰,但無法逆轉資源結構失衡的戰略弱點。技術替代若無制度性韌性與國際供應網絡支撐,終將面臨耗損極限。

第四章　經濟戰與封鎖下的對外應變

小結：科學突圍與物資斷鏈的博弈

軍火原料的取得困難迫使德國轉向國內科學研究動員與技術替代體系，成為戰時科技政策的縮影。儘管部分替代方案成功實施，仍無法完全彌補國際資源網的斷裂，揭示戰爭中物資取得與技術創新之間的拉鋸張力。

第五節　糧食危機與農業動員的興起

第一次世界大戰進入持久戰階段後，德國國內糧食供應問題日益惡化，成為政府與民間最沉重的社會壓力來源。英國的海上封鎖切斷進口糧食與肥料，加上戰前依賴進口飼料與穀物的農業結構，使德國糧食安全陷入危機。面對日益緊張的糧食局勢，德國政府除強化配給與價格管制外，也推動前所未有的社會動員運動，試圖在全民參與下拓展內部糧源。

一、封鎖下的糧食斷鏈與農業停滯

自 1915 年起，德國即出現穀物、馬鈴薯與肉類等主食短缺現象。由於大量農民被徵召入伍，加上牲畜飼料無法進口導致牲畜減產，農業生產力迅速下降。戰前的糧食進口比重超過 20%，在封鎖情境下完全無法替補，都市地區的食物供應尤為緊張。

二、糧票制度與價格管制的擴大化

為應對糧食分配失衡,政府於 1915 年起推行糧票制度,對麵粉、肉品、奶製品與馬鈴薯等進行配額管制,並訂定最高售價。地方政府則配合設置糧食配銷機構與審查員,以維持政策一致性。

然而,由於實際物資不足與地方腐敗,糧票制度時常名存實亡,引發民眾對政策信任崩潰,也激發黑市交易與食物囤積現象。

三、農業動員政策構想與實踐

1916 年起,德國政府推動農業動員政策,旨在鼓勵都市居民、學生與女性參與耕種,將城市空地、郊區荒地轉化為臨時農地。學校停課改為農耕實習、企業員工輪班務農成為政策常態。

此外,政府鼓勵「家庭自耕」與「社區菜園」制度,試圖創造糧食自給與社會凝聚力。此一動員政策兼具實質生產與宣傳象徵,成為「後方即戰線」的象徵圖像之一。

四、婦女與學生在農業補位中的角色

由於勞動人口多數被徵調上戰場,婦女與青少年逐步成為農村主力勞動者。政府設立農業義工登記處,安排學生赴

第四章　經濟戰與封鎖下的對外應變

鄉村幫助收割、播種與運輸。

雖然部分農民對未經訓練的都市青年持保留態度，但隨著戰爭延長，這些臨時勞力成為穩定糧源的重要支柱，也讓德國社會對女性與青年在國家危機下的貢獻重新評價。

五、營養不良與社會健康風險

儘管動員廣泛實施，糧食仍難以滿足日常所需。都市地區營養不足現象普遍，兒童與老人死亡率上升，工人階層體力衰退影響生產力，醫院報告營養相關疾病快速增加。

社會健康危機使部分醫學界與社會學者呼籲政府改善配給機制與加強公共衛生，戰爭不再僅是軍事問題，也成為公共健康與社會穩定的重大挑戰。

六、農民抗拒與鄉村政治張力

與城市配給制度相對，部分鄉村農民對強制徵收與價格限制措施表示不滿。他們質疑糧票與徵購制度過於壓抑生產誘因，轉而將部分產品轉入黑市銷售。

農民與中央政府之間產生對立情緒，導致糧食徵調效率下滑，亦破壞政府欲建構之「全民團結戰線」。這種鄉村抵抗不僅是經濟問題，更顯示德國戰時治理面臨的深層社會結構矛盾。

七、專家觀點：糧食政策的社會化與治理限界

社會經濟學者認為，農業動員政策反映出戰爭將農業從私人經濟轉化為公共治理核心的趨勢。糧食不再只是市場商品，而是國家安全的一環。

然而，政策成效受限於基礎制度與社會信任。當配給機制與產銷管制無法與社會預期對接，政策不僅失效，反易削弱政權正當性。德國在此一階段所經歷的糧食治理困境，也預示了戰爭經濟管理的極限邊界。

小結：糧食動員與社會韌性的試煉

糧食危機成為德國內部戰時社會動員最艱鉅的挑戰之一。農業動員政策象徵的是政治意志與社會基層能量的對接實驗，但成效受限於制度信任與資源結構的不對稱。最終，糧食問題不僅成為戰爭支撐的瓶頸，也動搖了社會秩序與國家動員體系的穩固基石。

第六節　外匯流失與財政國際化危機

在戰爭全面化與全球資本市場封鎖的情境下，德國逐步陷入外匯流失與金融孤立的雙重危機。戰前，德國高度依賴出口

第四章　經濟戰與封鎖下的對外應變

貿易與國際金融市場資金調度，戰爭爆發後，隨著對外貿易驟減與黃金儲備消耗，外匯來源迅速枯竭，加重國內通膨與財政壓力，並迫使國家採取非常規政策以應對戰爭財務需求。

一、貿易收縮導致外匯來源枯竭

英國封鎖策略有效切斷德國對外貿易管道，使其傳統出口市場無以為繼。尤其化學品、機械與鋼鐵等工業品原本是創造外匯的主力，封鎖導致企業接單停滯，資金無法流入。

此同時，國內進口需求未隨之減少，反而因戰需品與生活物資短缺更加依賴外購，形成「外匯出多入少」的結構性赤字，使國際收支嚴重失衡。

二、黃金儲備與貨幣穩定的脆弱性

為彌補外匯缺口，德國政府動用中央銀行黃金儲備進行匯兌支付與軍購結算。然而，黃金儲備有限且難以快速補充，在短短兩年內即呈現大幅下降態勢。

黃金外流亦影響馬克匯率穩定，市場對其幣值信心下降，引發貨幣貶值與價格上漲，造成通膨惡性循環，進一步擠壓家庭財務與政府支出空間。

三、資本市場封鎖與債務籌資困難

戰爭初期，德國曾嘗試向中立國如瑞士、荷蘭等地金融機構籌措外幣貸款，但在英國外交施壓與金融封鎖政策下，這些路徑逐步被阻斷。國際資本市場對德國政府債務也出現保守觀望態度，擔憂戰敗與違約風險。

德國轉向內部國債發行與銀行短期融資，但利率上升與民眾風險意識強化，使資金募集規模受限。

四、外匯統制政策的制度化發展

面對資本流失壓力，德國政府開始推行外匯統制政策，要求出口企業將收入交回國家統一結匯，限制民眾持有外幣與黃金，並設置「外匯辦公室」管理流通權限。

雖政策在技術層面部分奏效，但也引發企業交易不便與地下匯兌市場擴張，民間對國家金融介入的不信任感升高，間接削弱政策合法性。

五、外資企業與中立國資本的撤離潮

德國境內之外資企業在戰爭初期即面臨資產凍結與業務限制，英國與法國資本迅速撤離，瑞士與瑞典資金亦轉向低風險資產避險，導致外資占比大幅下降。

資本撤出不僅削弱德國金融產業,也打擊其對外形象與戰後重建的信用基礎,長期觀之構成國際化財政體系的制度性破口。

六、財政國際化邏輯的反轉

在戰前,德國致力推動「國際信貸融通」與「歐洲金融中心化」策略,但戰爭期間此一模式反遭反噬。當外部資金斷絕,國內制度並未建構足夠的自我調節機制,暴露對外依賴結構的脆弱本質。

政府遂回歸內部稅收與發債手段支撐軍費,但因稅源狹窄與民眾不滿升高,國家財政陷入近似失衡的結構危機。

七、專家觀點:資本主權與戰爭治理的衝突

經濟政治學者指出,德國戰時財政困境顯示國際化金融體系在極端地緣政治衝突中難以維持穩定。資本主權原理與戰爭動員邏輯難以並存,當戰爭需要集中資源時,市場原則與開放制度反而成為戰略負擔。

有學者認為:「金融全球化之下的國家,戰時必須選擇在國際信用與主權控制之間取捨。」德國的經驗即為此矛盾的具體展現。

小結：外匯枯竭與財政制度的極限測試

德國戰時面對外匯枯竭與財政孤立所採取的應變措施，暴露出戰爭下金融制度與國際信用的多重矛盾。在全球資本撤離與封鎖壓力下，任何倚賴開放市場的國家都可能面臨主權與流動性雙重挑戰。

第七節　經濟情報的軍事功能擴展

隨著戰爭規模與複雜度不斷升高，情報不再僅是軍事行動的前置作業，而成為貫穿經濟、外交、科技與社會動員的多層次工具。德國在第一次世界大戰中逐步建立起專責的經濟情報體系，試圖透過對敵對國家經濟資源、運輸網絡與金融動態的掌握，調整自身戰略部署與內部資源調度。這類非傳統的情報行動，不僅改變了情報工作者的角色，也促使軍事決策更強調跨領域整合能力。

一、情報部門對敵國經濟結構的分析能力強化

德國陸軍總參謀部與外交部門戰時設立特別小組，蒐集敵對國家的產業分布、交通節點與出口依賴關係。這些資料透過貿易統計、報刊監測與中立國回報進行彙整，再由專家進行分析，判斷英法等國是否因物資短缺而陷入戰力瓶頸。

第四章　經濟戰與封鎖下的對外應變

　　此類分析不僅用於破壞敵方供應線，也成為外交談判與貿易反制的決策基礎。

二、鐵路與港口流量的偵察與推演

　　德國軍方投入大量資源於鐵道與港口活動的監測，透過空中偵查、間諜滲透與中立商人報告，了解協約國軍需品的進出節奏。情報部門將此類資料視為評估敵方戰力調度的「後勤溫度計」，並利用間接手段破壞運輸瓶頸，例如策動工會罷工或中斷鐵路節點。

　　這類以經濟節點為中心的軍事情報模式，奠定戰後「基礎設施即戰略資產」的概念起點。

三、金融市場與國際資本的監控作業

　　情報單位密切追蹤中立國銀行對協約國的貸款流向、軍火公司的股價波動與貿易信貸評等，試圖由金融信號預測敵方戰爭承受力與財政續航能力。

　　部分情報來源來自駐外銀行與中立國商會回報，使財政部與國防部得以同步修正軍費分配與外匯調度策略。

四、敵方供應鏈的斷裂模擬

基於收集的經濟情報，德國策劃多次針對敵方供應鏈的打擊行動，包括對糧食倉儲、煉油廠與兵工廠的空襲或破壞。這些行動的選擇與排序並非單純依據軍事地圖，而是建立在經濟節點重要性評估上。

情報單位與統計部門合作，模擬若干節點中斷後的生產與價格反應，藉以預測敵方調適極限並設定攻擊優先級。

五、敵國內部經濟不滿情勢的情資運用

除物質層面外，德國亦積極蒐集英國與法國境內的罷工、物價波動、糧票抗議等訊息，判斷其社會穩定程度與戰爭正當性流失情形。

這類社會經濟情報被視為敵國士氣與政策壓力的指標，並用來策動宣傳攻勢與心理戰，嘗試削弱對方民間支持與政府合法性。

六、科技與產業情報的軍事轉化

德國重視敵國在軍工、化學與運輸領域的專利註冊、技術轉移與產線調整情況。透過對中立國專利資料庫與展覽會情報的監控，蒐集敵方技術升級與量產時程，反向調整本國

第四章　經濟戰與封鎖下的對外應變

產線應對策略。

這類技術情報不僅防止技術落後，更為德國自研科技研發提供比對基準，成為戰時創新政策的參考基礎。

七、專家觀點：情報戰與總體戰的融合樣貌

軍事情報研究者普遍認為，一戰期間德國建立之經濟情報體系，展現了情報工作由單點滲透走向系統性分析的轉型軌跡。戰爭不再僅靠火砲與兵力，而仰賴對敵國整體社會與經濟運作的深入掌握。

有觀點指出：「誰能看懂敵人的價格波動與港口流量，誰就能預見其戰略變化。」這使得情報部門不僅服務於戰場，也參與戰略規劃與資源優先排序。

小結：經濟情報體系的戰略升級

經濟情報在第一次世界大戰中的角色迅速升級，從原先的補充性資訊演化為戰略判斷的主幹資料。德國的情報體系建構經驗，預示現代戰爭中情報不僅是情報人員的任務，更是整體國家治理與跨領域整合的測試標準。

第八節　封鎖戰與制度韌性的交織

第一次世界大戰所引發的經濟封鎖戰，揭示的不只是物資缺乏與軍事壓力，更深層地考驗一個國家的制度韌性與治理彈性。面對協約國海上封鎖與國際金融孤立，德國在制度層面的回應與失誤，成為後世研究戰爭經濟與政治結構的重要對照組。

一、從物資斷裂到治理斷裂的轉化

學者指出，封鎖本質不只限於資源的物理封鎖，而是一種「治理中斷」。當糧食、原料、燃料等物資被外力阻斷，國家體制必須進行內部重組，重新規劃分配機制、資訊系統與決策流程。若制度韌性不足，原本的經濟封鎖很快將蔓延為整體治理危機。

二、政策協調能力與社會資源整合的落差

德國雖有強大的行政體系與科學人才，但戰時出現各部門權責交錯、政策重疊與區域執行不均的現象。經濟學家強調，制度韌性的核心不在於是否擁有先進技術，而是能否將有限資源依照優先次序協調整合，並透過資訊系統快速調節策略。

第四章　經濟戰與封鎖下的對外應變

三、戰時法制彈性與社會接受度

封鎖戰促使政府快速頒布臨時條例與特別命令，限制物資使用、凍結價格與徵收私產。儘管法律制度具備彈性，民間接受度與信任度卻未同步建立，導致大量政策在基層遭遇抵制或被迫修改。

政治社會學者認為，制度韌性需包含「合法性再生能力」，即制度在高壓環境下仍能持續獲得公民認同與自我修正。

四、民間動員與制度的雙向測試

糧票制度與自耕運動等動員政策雖具創新性，但若缺乏制度支撐與公共信任，將演變為形式動員或地方性虛應故事。此種落差反映國家動員不等於社會服從，制度能否引導民間力量，成為國家應對封鎖戰的關鍵試煉場。

五、技術替代的制度配套挑戰

德國在化學合成、代用燃料與人造資源方面投入龐大，但部分技術即便突破，若無產業政策與金融體系配合，仍難形成穩定生產。制度韌性不僅在於技術能力，更在於如何形成一套能承載技術實踐的制度環境。

這也反映科技政策無法孤立於體制設計之外，技術成效最終取決於制度能否支撐其規模化應用。

六、情報統整與政策決策鏈的互動性

德國雖建立起經濟情報體系,但政策制定部門對情報的吸收與回饋仍具落差。當情報無法轉化為實質行動策略,或因部門利益僵化導致延遲,制度本身即成情報戰失效的關鍵因素之一。

專家指出:「一個國家的制度是否韌性,關鍵不在能不能得知真相,而在於是否能夠依據真相做出有彈性的回應。」

七、封鎖壓力下的制度演化能力

最終,制度韌性在封鎖戰下的關鍵測試,不是單次政策是否有效,而是整體系統能否持續調適、自我修正與學習。德國在戰爭後期逐漸出現中央集權過度、地方反彈、制度僵化等問題,反映出其制度在高壓情境下的演化彈性有限。

小結:制度韌性的戰時成績單

封鎖戰揭示的不只是戰場之外的經濟壓力,更是對一個國家制度承載力的全面壓力測試。德國在此一歷史階段的制度經驗,提供後世檢視現代國家如何應對長期危機、如何從社會結構與制度設計層面提升韌性的寶貴觀察。

第四章　經濟戰與封鎖下的對外應變

第五章
德國國內的社會秩序與經濟控管

第五章　德國國內的社會秩序與經濟控管

第一節　戰時經濟統制機構的擴建

面對全面戰爭的長期化與複雜化，德國政府意識到自由市場與常規行政結構無法因應戰時物資調度與戰略資源分配的挑戰。因此，自 1914 年起，德國逐步建立一系列戰時經濟統制機構，涵蓋原料分配、價格監控、生產管理與勞動動員，成為戰爭經濟運作的制度骨幹。

一、戰爭原料署的設立與職能發展

1914 年底，德國政府成立「戰爭原料署」(Kriegsrohstoffabteilung)，隸屬於軍備部門，負責重要工業原料的徵收、分配與管控。此機構由瓦爾特·拉特瑙（Walther Rathenau）主導，採半官方性質，結合軍方、企業與技術專家共同運作。

其初期任務集中於金屬、橡膠、石油與化學品等關鍵資源的調度，並迅速發展為跨部門協調的中樞機構。

二、糧食局與物資價格調節機構的創建

糧食危機惡化後，政府於 1915 年成立「國家糧食局」，統一管理小麥、馬鈴薯與肉品等主要民生物資的價格與配給制度。該局負責糧票政策、價格上限制定與地區配銷分配。

隨著職責擴張，糧食局也監督農業生產與鄉村徵購，並與警政單位合作查緝黑市與走私行為。

三、工業配給與產能規劃體系的建構

隨戰爭規模擴大，德國政府開始推動工業生產計畫制，對軍工企業與關鍵產業設定生產目標。軍備部、經濟部與工業代表組成「工業管理委員會」，協調原料供應、生產排程與廠區轉型。

配給制度涵蓋煤炭、電力與交通運能，形成一套「生產優先等級」，軍需品優先於民生產業，強化國家資源集中運用能力。

四、金融與價格控制單位的制度整合

為遏止通膨與民間恐慌，政府設立價格委員會與財政糾察組，監控市場價格、發動檢舉制度，並配合中央銀行調整信貸方向與利率政策。

此外，部分工會與商會也納入價格管控機制中，形成「協商式統制架構」，以降低社會衝突風險。

五、地方行政與中央統制的權限重疊

儘管中央推動全國性經濟管制，地方政府仍保有部分執行自主權，導致政策落實程度不一。部分州政府與市鎮對中

第五章　德國國內的社會秩序與經濟控管

央命令採消極抵制或延遲實施，使統制措施出現空隙。

中央因此逐步增設「地區監督官」與「緊急通令」制度，以確保統一執行，但亦造成地方與中央之間的行政張力與資源分配競爭。

六、軍方主導體系下的民政邊緣化

隨統制機構逐步與軍方結合，德國形成「軍政一體」的戰時經濟治理模式。軍方透過授權委員會與軍工聯合機構，主導生產調度與物資優先排序，民政部門的影響力被邊緣化。

此種結構雖提升決策效率，但也導致部分社會部門聲音被忽視，長期造成民間與國家的互信裂痕。

七、專家觀點：制度擴建的效率與局限

戰時治理研究者指出，德國的統制機構擴建展現出高度的組織彈性與危機應變能力。特別是原料署與糧食局的快速反應能力，顯示制度創新可在高壓下迅速形成。

但也有批評認為，這些統制體系未經民意基礎設計，缺乏長期合法性與民主制衡機制，易於滑向官僚僵化與軍事擴權，戰後難以平順解編或過渡至和平體制。

小結：從自由市場到戰時統制的轉型試煉

德國在第一次世界大戰中透過統制機構擴建，展現出高效率的經濟重組能力。然而，此種由上而下、軍政主導的制度設計，也暴露出民主協商不足與治理失衡的隱憂。戰爭催化了統制機構的誕生，卻也留下如何過渡與轉型的制度課題。

第二節　工人階級的動員與安撫措施

隨著戰爭持續延長，德國國內勞動力結構出現嚴重斷層。大量成年男性被徵召入伍，使工業生產出現人力短缺，政府不得不針對工人階級進行全面動員與政策安撫，以確保軍工產業與基礎經濟穩定運作。

一、工人動員政策的形成與目標

自 1915 年起，德國政府啟動一系列動員方案，包括動員未服役的工人進入軍工部門，限制工人轉職與罷工，並施行工廠配額制度。勞動力被視為戰略資源，納入國家經濟總體規劃，形成「戰時勞動總動員」體系。

此外，政府亦設立「戰時勞動管理處」，負責工廠人力調配、職能再訓練與配給資格審核，使動員制度更具結構性與強制性。

第五章　德國國內的社會秩序與經濟控管

二、工會與政府的協商機制

為防止工人反彈，政府與主要工會（如德國金屬工人工會）達成協議，允許工會參與勞動政策設計，並保證戰後恢復工人權利。此一「戰時社會契約」形式雖未制度化，但有助於緩解潛在階級衝突。

工會亦協助宣導政府動員政策，並提供勞動現場的回饋意見，成為勞資之間的調節橋樑。

三、薪資凍結與物價補貼機制

由於通貨膨脹與物資短缺，實質薪資逐年下滑。政府遂啟動「薪資凍結與物價補貼並行」政策，凍結名目薪資以抑制通膨，同時提供配給補貼、燃料票與家庭津貼，緩解民生壓力。

然而，這一政策未能完全對應生活成本上升速度，導致部分工人對國家政策產生疏離感，影響社會穩定基礎。

四、罷工潮與政治化風險

儘管戰時罷工被限制，1916～1918年間德國仍出現多起涉及糧食、工時與待遇問題的局部罷工，部分甚至帶有明確政治訴求。

這些罷工通常集中於柏林、魯爾工業區與布萊梅港等大城市,顯示工人階級不僅面對物質困境,也逐漸具備政治動員潛力,對德國國內秩序構成潛在威脅。

五、工人健康與勞動條件的惡化

因為加班普遍、營養不足與職災頻仍,工人的健康狀況在戰時急遽惡化。政府雖設立「戰時工人醫療基金」與基本衛生措施,但因資源有限、執行困難,多半成效不彰。

此一現象不僅影響生產效率,也激發社會批評聲浪,部分社會民主主義者批評戰爭體制為「犧牲工人健康換取軍事優勢」。

六、女性與青年作為工人替補的制度調整

為填補男性勞工空缺,政府鼓勵女性與青少年投入工業工作,修改勞基法放寬工作年齡與工時限制。學徒制度與職訓機構亦調整課程內容,使青年迅速轉入軍工生產。

這一政策不僅改變勞動市場結構,也對戰後性別與代際階層結構產生長遠影響。

七、專家觀點:動員與安撫的結構性矛盾

社會經濟學者指出,德國戰時對工人的動員與安撫政策雖具短期效果,但長期仍難掩制度內部矛盾。一方面,政府高度

依賴工人維持產能；另一方面，卻壓抑其組織權與經濟自主。

此種矛盾使政策效果帶有遞減性，隨戰爭延長，工人對國家動員的配合程度明顯下滑，最終導致戰後社會衝突與政權合法性危機。

小結：階級動員的社會代價

德國在戰時透過工人動員制度維持經濟運作，但其背後的制度設計與社會協議難以長期支撐。物資匱乏與政策信任斷裂，加速工人階級對政治體制的疏離，為戰後社會重建與政局動盪埋下伏筆。

第三節　民生價格上漲與黑市形成

第一次世界大戰進入第二年後，德國國內面臨日益嚴重的通貨膨脹與生活物資短缺問題。政府儘管試圖透過價格凍結與配給制度來穩定市場，卻因制度執行力不足與市場機能受限，反而導致民生價格失控與地下經濟快速擴張。黑市的形成不僅衝擊官方經濟體系，更對戰時社會信任與法治秩序造成深遠影響。

一、價格凍結政策的制度起點與困境

政府自 1915 年起開始實施價格凍結措施，針對糧食、燃料、衣物等基本生活物資設定最高價格，並設置價格審查委員會與違規罰則。初期雖短暫抑制市場恐慌，但隨著實際供應量不足與行政效率下降，價格控制與市場現實出現嚴重脫節。

多數地區價格凍結形同虛設，反而激發民眾囤貨心理，造成商品流通更為緊縮。

二、民間物資需求與制度資源之落差

由於徵收制度與戰爭配給導致物資集中於軍需體系，一般家庭難以取得足量糧食與燃料。民間對於油、糖、奶粉與布料的日常需求無法滿足，只得轉向非正式管道解決生存所需。

這一制度資源與實際需求之落差，成為黑市擴張的制度溫床，也讓國民對國家供應體系的信任大幅下降。

三、黑市網絡的興起與組織化趨勢

1916 年後，各城市與鄉村逐漸形成隱性黑市交易網絡，透過熟人介紹、私下交易與走私路線取得物資。部分商人將正式配給品轉售至地下市場，甚至有地方行政單位涉入其中。

黑市價格遠高於法定價格，富裕階層可輕易取得資源，而低收入族群則陷入物資貧困，社會階級矛盾因此更加激化。

第五章　德國國內的社會秩序與經濟控管

四、女性與青少年參與黑市的社會現象

因男性勞動力大量徵召,女性與青少年成為家庭維生與黑市參與的主力。許多家庭主婦參與小規模交換市場,以織品換食物、以奶粉換煤炭,形構出「微型互助黑市」。

這種行為雖具生存意圖,但在法律上仍屬非法,形成家庭道德與國家法治之間的價值衝突。

五、政府對黑市的查緝與法令反彈

政府針對黑市成立特別查緝小組,動員警察與糧政機構展開搜查與懲罰。部分地區甚至實施連坐法與公開審判,試圖以高壓打擊市場違規行為。

然而,由於民間對配給制度的不滿與黑市的實用性,查緝常遭遇群體抵制。嚴刑峻法亦未能遏止地下經濟,反而激發社會對國家政策的不信任。

六、官方與黑市價格雙軌並行的經濟秩序

隨時間推移,德國社會逐漸出現「雙重價格體系」:一為法定價格下的配給市場,一為黑市自由價格體系。前者量少價低但難以取得,後者高價卻具即時性。

這種經濟雙軌化現象擾亂了貨幣價值與商品定價基準,使經濟理性逐步瓦解,也削弱政府經濟管制的正當性。

七、專家觀點：制度信任與市場倫理的崩解

經濟社會學者指出，黑市的形成是制度信任崩解的具體反映。當配給與價格凍結政策無法對應現實生活，民眾即轉向自發經濟行為，這種「制度外生存」雖非叛亂，卻代表國家控制能力的極限。

亦有觀點認為：「黑市不只是法律問題，更是制度合理性與生活可行性的對決。」此語突顯戰時治理所面臨的倫理與實用主義張力。

小結：制度疲乏下的非正式經濟擴張

民生價格失控與黑市的出現，使德國戰時經濟體制出現裂縫。在制度信任與實用生存之間，民眾選擇了非正式路徑，暴露出封鎖經濟下政策工具的局限性，也為戰後經濟重建與法治修復埋下深層隱憂。

第四節　工業配給與生產目標考核制度

面對總體戰壓力與資源重組挑戰，德國政府不得不對戰前自由放任的工業體系進行結構性改造，推行配給制度與生產目標考核機制。此舉旨在確保有限資源優先支援軍需，同時提升整體工業效率，構築戰時經濟的有序框架。

第五章　德國國內的社會秩序與經濟控管

一、戰略物資的優先配給原則

在戰時資源有限的情況下，政府根據軍需優先原則，對煤炭、鋼鐵、石油與電力等戰略物資實行分級分配制度。軍工企業位居第一優先，其次為基礎交通與能源系統，民用產業則被置於末端。

物資分配由戰爭原料署統籌，並設有工業調配委員會負責日常實施與爭議仲裁，使得工業資源能夠集中運用。

二、生產配額與廠商目標責任制

德國政府為強化軍需供應穩定，要求工廠設立生產配額並定期提交產能報告。生產不足者須說明理由，並可能遭罰款或撤銷資源配給資格。

部分核心企業甚至被納入「戰略企業名冊」，必須每日回報產能與庫存變化。此一制度形成準軍事化的工業考核鏈，將企業融入國家總體動員網絡。

三、標準化與流程合理化的政策推進

為提升效率並降低資源浪費，政府推行標準化生產制度，要求企業調整產品規格、簡化型號、統一零件結構。特別是在彈藥與軍車製造領域，標準化顯著提升量產速度與維修效率。

此政策由技術專家與工業聯合會共同執行，並設立專門審查單位檢驗產品是否符合「戰時工藝標準」。

四、監督體系與行政激勵並行運作

為確保制度落實，德國設立工業監察員制度，駐廠監控生產進度與資源使用情況。同時亦設有「產能優良獎」與「配給升等資格」，激勵企業自發配合生產政策。

這種「懲罰與獎勵並行」機制，有助於提升制度內部動能，減少怠惰與資源濫用情況。

五、軍工與民用產業之間的調度衝突

資源集中於軍工部門導致民用產業原料短缺，部分關鍵民生產品生產遭到延誤，引發民眾不滿與政治壓力。尤其建材、衣物與燃料等基礎民用品因讓位軍需而供應中斷。

民用企業也對長期遭邊緣化感到不滿，要求政府重新檢討配給排序，顯示制度在分配正義上的緊張與挑戰。

六、中小企業的資源邊緣化現象

大企業因具備議價能力和與政府直接對接的管道，往往獲得較多配給資源。反觀中小企業則缺乏談判籌碼，成為制

度性資源邊緣群體。

此種不對等加劇產業集中現象,使德國經濟結構出現「戰時壟斷化」傾向,對戰後市場自由性與產業多元性造成潛在衝擊。

七、專家觀點:計畫經濟與動員效率的兩難

經濟史學者普遍認為,德國配給與考核制度提升了戰時生產效率,但也引發僵化、繁瑣與效率遞減的問題。當制度過度依賴指令體系,創新與彈性空間被壓縮,影響中後期戰略調整能力。

部分學者指出:「戰時體制的強項在於集中與效率,弱點則是無法適應變局。」德國制度正展現了這一計畫經濟的典型張力。

小結:配給體制下的效率與不均矛盾

工業配給與生產目標制度在德國戰時經濟中扮演關鍵角色,成功強化軍需生產能量。然而,制度運作中的效率追求與分配不均之間的矛盾,也逐步累積成社會與經濟調整的潛在危機。這種制度化配給的雙面性,為戰後經濟重建埋下結構性難題。

第五節　軍工企業與民用產業之間的張力

在戰爭經濟的高度動員之下，德國的軍工企業被賦予最高資源優先權，而民用產業則在制度與實務操作中長期處於邊緣地位。此一資源調度與政策導向不僅造成兩大產業部門間的發展失衡，也引發了政治壓力與社會不滿的累積，成為戰時經濟運行中的一項關鍵張力源。

一、軍工企業的制度性優勢

軍工企業因其在戰爭供應鏈中的關鍵地位，獲得政府全面政策支持，包括配給優先、技術補助與稅賦減免。政府亦設立特別委員會專門負責協助軍工廠解決原料短缺與人力問題，使其成為制度性「特權行業」。

這種制度安排使軍工企業在資源緊縮期間仍能維持擴張甚至創新能力，進一步強化其產業地位。

二、民用產業的資源邊緣與供應中斷

相較之下，民用產業面臨嚴重原料配給不足問題，建築業、紡織業與食品加工等關鍵部門經常因供應中斷而無法履約，導致工廠停擺、員工待業與產品供應不足。

第五章　德國國內的社會秩序與經濟控管

　　這些民用企業雖亦承擔國內社會維穩功能，卻長期未被納入戰略資源規劃，導致生產與社會需求出現結構性斷裂。

三、技術與設備支援的差異化配置

　　軍工企業除獲得原料外，亦優先取得進口機械設備與國內新技術應用資格。相對而言，民用產業則被迫以老舊設備應對生產任務，導致生產效率落後與產品品質下降。

　　這一差異進一步擴大兩者間的技術落差與產業更新能力，使民用產業長期陷入資本技術滯後的結構性困境。

四、人力資源的競爭與重配置衝突

　　軍工部門可動用特別徵用權直接從民用企業調配熟練工人，造成民用產業人力流失嚴重，部分企業甚至因核心技術工離職而停工。

　　雖政府曾設立仲裁機制，但在軍事優先邏輯下多數判決仍偏向軍工方，使勞動市場呈現明顯的資源傾斜狀態。

五、工會與行業代表的抗議與訴求

　　民用產業工會與企業協會多次聯合向政府遞交請願書，要求調整配給順序、保障民間產業生存空間，並強調民用部門亦屬於維持國內社會穩定的重要環節。

雖部分訴求獲得象徵性回應，但實質改革因戰事延宕與政策重心偏移而難以實現，抗議聲浪遂不斷累積。

六、經濟結構失衡的制度後果

長期壓縮民用產業發展空間，使得德國整體經濟結構日趨偏軍事化，不僅削弱了戰後回復民生經濟的基礎，也使產業間協作網絡斷裂。

專家指出，戰爭雖可促成特定產業繁榮，但若忽視產業間平衡發展，將在結構上埋下經濟復原的長期障礙。

七、專家觀點：軍民分配的戰略性迷思

戰爭經濟學者普遍認為，德國政府將資源過度集中於軍工企業的政策，雖短期內提升軍事供應能力，卻導致整體社會經濟出現扭曲。

部分研究者強調：「戰爭經濟不能只有『前線邏輯』，後方民生亦是戰略的一部分。」民用產業的長期邊緣化顯示出國家在戰時資源分配上的單向性思維。

小結：軍民失衡下的經濟張力堆疊

德國戰時將軍工產業置於制度核心，雖鞏固軍備供應，但亦對民用產業造成嚴重邊緣化，進而引發產業結構、社會穩定

第五章　德國國內的社會秩序與經濟控管

與戰後重建等多層次張力。這種「軍優民劣」的策略選擇，在短期動員效率與長期經濟健康之間形成無可忽視的矛盾。

第六節
財政稅收與社會階層的財富再分配

在戰爭進程中，德國財政體系面臨龐大的軍費壓力與物資需求，政府不得不依靠稅收政策與發債手段籌措資金。然而，這些財政措施對不同社會階層產生不對稱影響，使得財富再分配的機制逐漸成為階級張力的觸媒，亦對德國社會結構與公平認知產生深遠影響。

一、戰時財政赤字的快速擴張

隨軍事開支飆升與封鎖造成稅基縮水，德國財政迅速陷入結構性赤字。儘管政府強化國內稅收與債券推行，仍無法填補全額軍費缺口，轉而大量依賴短期信貸與貨幣發行來應急，導致潛在通膨壓力升高。

這一赤字擴張迫使政府進一步改革稅制，並強化徵收效率以對應長期戰爭態勢。

二、累進稅制的建立與執行挑戰

1916年起,德國實施包括所得稅、戰利稅與超額利潤稅在內的累進稅制改革,期望透過對高收入與企業利潤的課徵,達到社會財富調節目的。然而,由於部分特權階層擁有避稅通道與資本轉移能力,使得制度執行效果打折。

此一情況引發中下階層對財富不均的指控,批評稅負實際仍由基層承擔。

三、間接稅與通貨膨脹對勞工的壓力

與直接稅相比,德國政府更依賴消費稅與物價稅等間接稅作為快速籌資手段。這些間接稅項直接反映於商品價格,尤其食品、燃料與生活必需品首當其衝。

通貨膨脹進一步侵蝕工人階級的實質收入,使其在稅收制度下承受雙重壓力:一方面繳稅,另一方面遭受物價上漲的隱性徵收。

四、戰時債券的社會階層分布

政府積極發行「戰爭債券」,並鼓勵國民投資支持戰爭。然而,高額債券的購買多集中於富裕階層與企業法人,工人階層多數無餘力參與。

第五章　德國國內的社會秩序與經濟控管

這使得戰後債務清償實質上成為財富再集中機制，債券持有者可透過利息收益擴大財富，而債務償還所需稅收卻廣泛分攤至全體社會。

五、財政透明度不足與信任危機

由於戰時機密與中央集權主導，德國財政資訊公開受限，導致民眾無從監督政府如何分配與使用稅收資源。缺乏透明機制使社會大眾對財政正義與政策公正性存疑。

部分工會與社會主義黨派主張開放預算審查與成立公民監督機構，以提升制度信任，但遭官方以戰時安全為由否決。

六、財政負擔與戰後社會階層重組

戰爭末期，德國社會出現明顯階層財富轉移現象：富人透過債券、產業集中與通膨套利增益資產；中下階層則因稅負、失業與貨幣貶值陷入貧困。

此一變動動搖既有社會契約基礎，催化戰後左派政治崛起與社會改革訴求，也為威瑪共和初期的政治動盪埋下伏筆。

七、專家觀點：稅收政策與社會正義的斷裂

財政社會學者指出，德國戰時稅制改革形式上朝向進步稅制邁進，實際效果卻因制度執行力與政治結構而落空。制度未能抑制資本集中與保障社會最低生活需求，形成「形式公平、實質不正義」的矛盾局面。

學界普遍認為：「當稅收成為階級再製工具，制度信任將難以維持。」此種觀點突顯稅收政策與社會穩定之間的高度關聯。

小結：戰時財政的重擔與階級裂縫擴大

德國透過戰時財政制度籌措資源，支撐戰爭機器運作，卻未能有效兼顧社會階層之間的分配公平。間接稅壓力、通膨影響與債務結構所帶來的階級張力，使財政政策從籌資工具轉化為社會矛盾的推力來源，成為戰後國內重建與社會重構必須面對的核心課題。

第七節　女性勞動力進入的社會轉變

第一次世界大戰對德國社會結構帶來深遠衝擊，特別是在性別分工與女性公共角色上的顯著改變。隨著大量男性兵

第五章　德國國內的社會秩序與經濟控管

員赴前線，工業、交通與醫療等產業出現人力缺口，促使女性大規模進入過往由男性主導的職場領域，改寫了德國近代社會的性別勞動版圖。

一、女性進入勞動市場的制度契機

1915 年後，德國政府正式推動「戰時補充勞動力動員計畫」，邀請女性參與軍需工廠、鐵路維修、郵政事務與市政管理等職務。工會與雇主協會在國家倡導下開放女性職缺，並設立基礎職前訓練課程，快速補足人力空缺。

這項政策不僅是臨時性勞動替代，更是性別角色制度化調整的開端。

二、軍工產業中的女性工作者擴張

女性在彈藥裝配、火藥包裝與戰車零件生產等重工部門迅速擴張，成為軍工體系中不可或缺的一環。這些工作條件艱苦，風險極高，但女性工人展現高度適應力與技術精準度，贏得部分軍方與企業主肯定。

1917 年後，女性工人已占部分軍需工廠總人力四成以上，顯示其在戰時經濟體系中的制度性崛起。

三、公共服務與教育部門的性別轉型

除工業領域外,女性亦大量進入教師、護理人員、郵差與地方行政單位。部分中產階級女性首次獲得穩定薪資與公共責任,促使女性在家庭外的社會參與提升,改變了長期以來的性別空間劃分。

這種角色轉變也刺激女性教育的普及需求,使得師範學校與職業女校報名人數顯著成長。

四、薪資差異與就業不穩的結構問題

儘管女性進入職場數量大增,其薪資普遍僅為男性的六至七成,且多為無正式契約、可隨時終止之臨時工。工會與企業普遍將女性視為「戰時過渡勞力」,在制度設計上缺乏長期保障。

這使得女性在經濟貢獻日增的同時,仍處於高度不穩與邊緣化的結構位置。

五、社會輿論與家庭角色的緊張變化

女性外出工作引發部分保守派輿論批評,認為其違背傳統母職角色與家庭倫理秩序。亦有宗教團體公開反對女性從事重工業,質疑其對身心與家庭結構之影響。

第五章　德國國內的社會秩序與經濟控管

然而，也有進步知識分子與婦運團體主張：「一個能在戰場支撐國家的女性，理當有參與國家決策的權利。」此類主張逐漸在戰爭尾聲引發更多性別平權討論。

六、戰後女性權益與社會期待的矛盾

戰後復員潮使男性大量重返職場，女性被迫離職或退回家務角色，許多原有政策亦隨之中止。但女性在戰時展現的能力與社會價值，已深植於公眾記憶，形成戰後婦女組織與選舉權運動的群眾基礎。

德國女性在 1919 年取得投票權，正是戰時角色轉變累積的社會能量成果之一。

七、專家觀點：戰時性別秩序的斷裂與重建

歷史社會學者指出，戰爭是一種「加速社會秩序重組的非常時期」，女性角色的轉變雖非源自平權運動，卻實質動搖傳統性別架構。學者強調：「制度空缺創造了性別權能的契機，但真正的平權仍需制度化支持與文化轉向。」

女性在戰時的勞動經驗，是德國社會從父權秩序向現代性別協商過渡的關鍵一章。

小結：非常時期中的性別轉型與制度回聲

女性勞動力的大規模進入，不僅彌補了戰時經濟的實際缺口，更撼動了德國傳統社會的性別分工架構。這一歷史轉折雖在戰後遭遇反撥，但其所奠定的制度經驗與社會想像，為日後性別平權政策鋪設基礎，也成為戰爭衝擊下最具深層變革意涵的社會現象之一。

第八節　社會成本與戰爭效率的權衡

戰爭時期的總體動員雖帶來資源集中與生產效率提升，但也必然伴隨社會秩序的高度扭曲與階層不平等的擴大。德國在第一次世界大戰中的戰爭治理經驗提供我們一個關鍵問題：在有限資源條件下，如何在維持社會穩定與追求戰爭效率之間取得平衡？本節綜合歷史學者、經濟學者與社會政治學者的觀點，針對戰爭與社會成本的內在張力進行反思與分析。

一、效率導向下的政策僵化風險

經濟歷史學者認為，德國在戰時確實透過統制體制提升了軍需品的生產與運輸效率，但過度集中於生產指標與軍事優先，導致整體政策邏輯僵化，缺乏對民間經濟彈性的理解與調整。

第五章　德國國內的社會秩序與經濟控管

許多地區基層行政無法處理配給爭議與勞動壓力，反而成為社會矛盾爆發的引信。

二、社會穩定作為戰略資產的忽略

社會政治學者指出，德國政策制定者傾向將社會穩定視為戰爭成果的「附帶效果」，而非主動維護的戰略要素。事實上，社會信任、階層對話與民間參與對長期戰爭承受力具有基礎性意義。

忽略這些面向，不僅削弱國內凝聚力，也間接降低軍隊後勤與資源調配效率。

三、動員與犧牲的不對稱現象

歷史社會學者強調，德國戰時動員政策表面上涵蓋全民，實際卻存在明顯階層不對稱。富裕階級透過財產轉移、外匯保值與稅務規避維持生活品質；而勞工階級與女性則承擔直接生產與物質匱乏的最大壓力。

這種「階層犧牲差異」，長期削弱制度正當性，也導致戰後社會重組的阻力。

四、制度資源過度壓縮的反彈效應

政治經濟學者分析指出，戰時制度為了極大化軍工產能與原料調度，壓縮地方自治、工會權益與民間自治空間。但這種「犧牲制度韌性換取效率」的模式，在戰爭拉長後反成為政策無法修正與社會不滿擴大的根源。

制度的調適彈性與回饋管道是長期危機下的穩定因子，卻在戰時被視為「不必要的討論」。

五、國家治理與經濟民主的失衡

從治理觀點出發，學者認為德國在戰時推行的經濟命令體系雖表面高效，但缺乏來自下層社會的經濟意見整合機制。企業、勞工與消費者幾乎無法參與政策形成，形成上下層認知與價值觀嚴重錯位。

這種「戰時治理的上行單向性」在面對社會危機時反應遲滯，為戰後改革留下沉重包袱。

六、戰後重建視角下的反思

若從戰後重建的角度回看戰時策略，許多專家認為，德國所付出的社會成本過高，已超過其短期軍事獲益。戰爭政策未妥善考量教育、公共衛生與社會資本的保存，導致戰後

第五章　德國國內的社會秩序與經濟控管

重建困難重重。

這種戰爭效率與社會資源耗竭之間的極端失衡，成為後來社會民主改革派重要的理論依據。

七、學者結論：效率極限下的治理選擇

多位跨領域學者總結指出：戰時效率不可否認是政權存續與軍事勝利的關鍵要素，但忽略社會成本與分配正義，最終將侵蝕國家體制本身。戰時治理的核心課題，不在「是否動員所有資源」，而在「如何動員而不撕裂社會」。

有學者警告：「任何無視社會成本的戰爭效率，都可能成為政治災難的起點。」此語提醒我們戰爭不只是軍事的對決，更是制度承載力與社會韌性的測試。

小結：在極端壓力中尋找制度平衡

第一次世界大戰中的德國經驗顯示，戰時效率與社會成本之間並非零和，而是一種必須協調的動態權衡。唯有在制度設計中納入階層正義、資訊回饋與民間參與，戰爭治理才有可能在效率與穩定之間取得長期可持續的平衡。

第六章
戰爭後期的崩解與應變

第六章　戰爭後期的崩解與應變

第一節　債務規模超標與信用瀕臨崩潰

　　隨著第一次世界大戰進入末期，德國財政體系面臨前所未有的壓力。戰爭開支累計至無可持續的地步，國內外對德國信用體系的信任逐步瓦解。戰爭期間未曾實施全面稅收改革，加上大量依賴內部舉債，使得德國的債務總額在 1918 年達到危險臨界點，經濟結構呈現深度扭曲，信用瀕臨崩潰。

一、債務總量的急遽膨脹

　　德國戰爭初期未徵戰爭稅，選擇以債券與短期融資支應軍費。1914～1918 年間，德國共發行九次戰爭債券，總金額超過 1,300 億金馬克，約為戰前年度國家預算的八倍。財政負擔快速累積，債務對 GDP 比率急遽上升，顯示債務結構已超出國家長期支付能力。

二、內部債務市場的飽和與脆弱

　　雖然德國初期成功透過動員愛國情緒推動民眾與企業購買債券，但隨戰爭延長，社會信心下滑，債券認購比率逐年下降。銀行與保險機構被迫承擔大量政府債券，資產負債表出現失衡，形成金融系統內部的債務泡沫。

中央銀行被迫回購債券以維持價格,實際已啟動貨幣化財政赤字的過程。

三、對外融資斷絕的困境

由於協約國海上封鎖與外交孤立政策,德國無法自倫敦、紐約等國際金融市場獲取借款。原本仰賴與中立國如瑞士、荷蘭的資本合作也在戰爭後期趨於保守,國際資本對德國財政前景評價日益負面。

外交孤立與信用弱化形成惡性循環,使德國陷入「只剩內債工具可用」的困局。

四、貨幣擴張與通膨隱患

政府為彌補財政缺口,加快紙幣印製速度。1918年底,流通紙幣量為戰前十倍以上,貨幣超發成為未來惡性通膨的溫床。通貨膨脹雖在戰時未即時爆發,但其經濟結構扭曲效應已逐步浮現。

物價失控跡象出現,尤其在黑市與民生物資交易中更為明顯,並造成消費者與企業預期不穩,信用體系裂痕加深。

第六章　戰爭後期的崩解與應變

五、軍需導向經濟下的信用失靈

軍工體系雖在國家補貼與命令保證下持續運作，但實際付款延宕嚴重，國防工廠現金流緊張，開始依賴向銀行借貸或以信用交換物資。信用擴張缺乏擔保基礎，導致「信用空轉」問題，進一步惡化企業間結算與商業信任。

工業產能與金流的脫鉤，使得整體經濟難以維持健康循環。

六、社會對財政制度信任的崩解

債務擴張與信用惡化使社會各階層對財政政策產生極大不信任。中產階級擔憂存款貶值與未來稅負，工人階級則懷疑債務利息是否為富人圖利工具。稅制改革無法即時落實，財政制度喪失民間信任基礎，成為社會不穩定因素之一。

國庫與中央銀行之間的財政與貨幣邊界模糊，加劇對未來經濟秩序的疑慮。

七、專家觀點：信用破裂與體制脆弱的連動

經濟史學者普遍認為，德國在戰爭後期信用體系的脆弱，不僅來自財政赤字本身，更源於制度無法有效傳遞風險與調整信號。當信用體系過度依賴政治動員與官方敘事，卻

缺乏透明監督與貨幣獨立性，終將走向內部信任耗損與外部信用崩解的局面。

學界總結指出：「信用體系不只是資本的問題，更是社會秩序與制度合法性的縮影。」德國在戰時的財政與信用崩壞，正預示著政權結構即將面臨的更深層動盪。

小結：失速中的信用體制與財政危機

德國在戰爭後期的財政策略導致債務規模急遽膨脹、信用體系脆弱不堪。從債券飽和、對外孤立到貨幣濫發，制度失衡已超越經濟領域，成為國家整體治理能力與社會穩定的嚴重威脅。這場信用危機不只是財務問題，更是德國戰後政治劇變的導火線之一。

第二節
群眾罷工潮與兵變的經濟底層原因

第一次世界大戰進入尾聲，德國社會動盪急劇升高。大規模罷工潮、軍隊兵變、地方暴動與革命呼聲此起彼落，外界多將此歸因於軍事失利與戰爭疲勞。然而，深入觀察這一連串動盪事件背後，不難發現其根源實為深層的經濟困境與制度崩解所致。

第六章　戰爭後期的崩解與應變

一、生活條件崩潰引發社會壓力

戰爭後期，德國城市居民遭遇嚴重物資短缺與價格飆漲。食物配給形同虛設，黑市價格高昂，基本生活條件崩潰。煤炭與燃料供應嚴重不足，家庭與工廠長期處於寒冷與停工狀態，引發城市勞工與中產家庭的普遍不滿。

社會各階層生活品質同步下降，瓦解了原有階層間對政府的默契支撐。

二、薪資凍結與實質收入惡化

德國政府為防止通膨失控，長期實施薪資凍結政策。然而，通貨膨脹與物資短缺導致工人實質購買力大幅滑落。1918年平均薪資購買力不到戰前的一半，工人家庭入不敷出，日常生活困難重重。

這一現象造成普遍性階級焦躁與工人階層政治化傾向迅速上升。

三、罷工潮的組織化與政治化

1918年初，全國多個主要城市發生協調性罷工運動，其中以柏林、漢堡與魯爾工業區最為嚴重。罷工主題從最初的物資保障與薪資調整，逐漸擴展至憲政改革、戰爭終止與選

舉制度改革等政治訴求。

工會與社會民主黨內部左翼主張進一步激進化罷工策略，部分地區甚至組建臨時工人代表會議，挑戰地方行政權威。

四、軍隊內部的士氣崩解與經濟壓力

長期前線服役士兵生活艱困，補給短缺、薪資延遲與休假限制使軍心渙散。兵變多發於軍港與前線轉運點，水兵與後備兵率先拒絕命令，後蔓延至前線步兵單位。

部隊開始質疑作戰目標與軍官領導正當性，甚至與罷工群眾互相聲援，形成「兵工合一」的社會抵抗聯盟。

五、糧食失衡與「餘糧政策」失信效應

農民面臨強制徵購與價格凍結雙重壓力，大量藏糧不出。城市糧食配給迅速惡化，飢餓成為市民日常經驗。原本設計用來調節城市與農村利益的餘糧政策，因執行失當反遭普遍唾棄。

農村與城市間的物資裂痕擴大，也使國內統合能力出現崩裂跡象。

第六章　戰爭後期的崩解與應變

六、戰爭宣傳與現實落差的反噬效應

政府長期以樂觀口號維持社會士氣，卻在現實敗象逐漸明朗下顯得自欺欺人。宣傳內容與民間感受出現斷裂，導致群眾對官媒與政府公告產生高度不信任。

這種心理落差成為催化不滿情緒外化的助燃劑，讓罷工與兵變迅速獲得輿論正當性支持。

七、專家觀點：經濟崩解與政權基礎的斷裂

歷史社會學者普遍指出，德國末期社會動亂不僅是政治與軍事崩潰的後果，更深層來自於經濟治理的徹底失效。當基本生活無法保障、制度無法調整壓力、階層間互信斷裂時，任何形式的社會穩定都將不再可能。

有學者總結道：「當麵包成為奢侈品，槍枝自然會變成群眾的聲音。」此語揭示戰爭末期社會抗爭之所以具有動員能量，正是因為其根源來自生存現實而非單一政治立場。

小結：動盪社會中的經濟推力

1918 年的德國社會騷亂與政治劇變，雖表面呈現政治對抗形式，實則根基於深層經濟結構失衡與生活條件崩解。從工人罷工到士兵兵變，這些動態都反映出群眾對體制失望與

生存絕望的雙重驅動。經濟底層的崩解，最終掀開了帝國崩壞的社會裂口。

第三節　赫弗里希退任與財政轉向

1918 年 10 月，德國財政部長卡爾·赫弗里希（Karl Helfferich）正式卸下職務，代表著戰時財政政策的一個重要轉折點。赫弗里希作為戰爭初期至中期德國財政的主要設計者，其退任不僅象徵政治權力重組，更反映出政府對財政手段與經濟戰略進行結構性調整的迫切需求。

一、赫弗里希的財政政策遺產

赫弗里希任內推動了多項戰時融資措施，包括發行戰爭債券、維持金本位象徵性存在、強化中央銀行購債角色等。其政策強調「低稅高債」，試圖透過國內儲蓄動員支撐軍費支出，避免社會階層動盪與過早稅負反彈。

然而，至 1918 年，債務與貨幣發行皆已達臨界點，赫弗里希的政策空間趨近耗盡。

第六章　戰爭後期的崩解與應變

二、政治壓力與政策不再有效

隨著戰況惡化與民眾抗爭升高,赫弗里希所代表的保守財政觀逐漸失去政府與軍方高層支持。國內要求加稅、改革徵稅結構與強化社會保障的呼聲高漲,其以債為主的政策遭批為延後問題、轉嫁未來的策略。

赫弗里希也面對來自左派與工人團體的強烈質疑,被認為偏袒富人利益。

三、財政轉向的初步調整

赫弗里希離任後,接任者開始推動稅收結構改革,試圖增加直接稅與所得累進稅的比重,並籌劃徵收戰時利潤稅。此外,政府也檢討債券利率與償付期限,希望降低長期利息負擔,穩定財政預期。

同時,財政部與德意志銀行之間的合作進一步制度化,企圖強化財貨與貨幣政策的協同作戰力。

四、財政轉向的現實困境

雖然政策方向有所轉變,但執行成效有限。一方面,戰爭末期經濟已進入半崩潰狀態,稅基急縮;另一方面,公眾對新稅制度信心薄弱,逃稅與地下經濟擴大。

政府短期內仍須依賴紙幣發行與對中央銀行的融資機制，使轉向難以立即見效。

五、赫弗里希政策的歷史評價分歧

部分歷史學者認為赫弗里希的政策在戰爭初期有效動員了社會資金，避免過早通膨與社會失衡；但也有學者批評其忽視戰爭持久化趨勢，錯誤判斷經濟承載力與社會容忍度。

其遲遲未推動全面稅制改革與制度信任重建，被視為德國後期財政崩解的制度伏筆。

六、政治象徵與政策繼承的斷裂

赫弗里希的辭職象徵德國帝國體制在面對危機時政治菁英無法適時調整。新任財政官員雖承接部分政策機制，但其政治授權弱、民意支持不足，無法真正整合軍方與社會團體之間的財政分歧。

戰時財政因此進入一種「後赫弗里希時代的懸置狀態」，政策多為延續而非重構。

七、專家觀點：制度過渡與治理空窗的風險

公共政策專家指出，赫弗里希退任不只是個人命運的轉變，更是制度治理過渡期的警訊。當舊政策失效而新體制

第六章　戰爭後期的崩解與應變

尚未成形，德國出現「雙重治理真空」——上層決策體系混亂，下層社會不信任深化。

學者強調：「轉向若無制度配套，只會加劇不確定性。」赫弗里希之後的德國財政，即陷於此一治理危機的風暴眼中。

小結：從穩健財政邏輯走向制度斷裂

赫弗里希之退，揭示的不僅是個人失勢，更是德國帝國財政體制全面轉向的開端。當傳統財政理性不敵現實崩解壓力，德國不僅失去一位財政舵手，也暴露出整個政經體系已無法承擔戰爭後期的結構衝擊。這一財政轉折，為政權更迭與戰後重建投下長遠影響。

第四節　國際貸款與停戰談判的經濟前提

當戰爭走入尾聲，德國在軍事與社會層面已面臨嚴峻挑戰，而經濟危機的惡化也推動停戰進程加速。政府在 1918 年下半年逐步意識到：若無外部資金與國際合作，德國無法支撐內部經濟、穩定幣值或保證基本糧食供應。停戰談判的背後，實質上潛藏著深刻的財政考量與國際資本動向。

第四節　國際貸款與停戰談判的經濟前提

一、國內經濟瀕臨全面崩潰

1918 年秋，德國工業產能下降超過三成，煤炭、鋼鐵等基礎原料供應嚴重短缺，鐵路與交通系統近乎癱瘓。糧食危機與通膨預期讓黑市價格暴漲，社會動盪失控。在此情況下，僅憑內部財政調度與紙幣發行，已無法穩定國內市場與維持政府基本運作。

二、戰後重建資金需求壓力

德國財政部估算，若停戰後立即進行經濟重建，至少需 200 億金馬克以上的外部融資，以恢復交通、農業與民生供應體系。這筆資金遠超德國國內融資能力，也超過既有金融機構所能承擔的規模。

政府因此將「爭取國際貸款」列為戰後策略核心。

三、外交談判與金融協調並進

1918 年 10 月起，德國政府開始透過瑞士、荷蘭等中立國展開與協約國間的間接金融對話，試圖爭取戰後貸款與貨幣穩定援助。英美法三國則以「停戰與政治改革」作為合作前提，要求德國建立文官體制、解散軍閥政治與實施國會責任制。

財政改革因而成為外交讓步條件之一。

第六章 戰爭後期的崩解與應變

四、美國角色的逐漸關鍵化

由於美國在戰爭後期成為全球最大債權國，德國政府積極爭取華盛頓的資金支持與市場重開。德國外交部與財政部提出多項債務結構重組方案，試圖將部分戰爭債轉為長期低利貸款，並尋求未來糧食與醫療援助。

但美方對德國戰爭責任與賠償義務仍持保留態度，財政合作條件談判進展緩慢。

五、停戰條件的經濟結構性設計

協約國在1918年11月對德國提出停戰條件時，特別將部分條款與經濟政策掛鉤，包括解除原物料壟斷、開放海運貿易與國家財政透明化。德國需接受經濟監管小組進駐，報告財政收入與支出狀況。

這些條件實質上等同於部分經濟主權讓渡，使德國在停戰之初即進入經濟半監督狀態。

六、財政部門對談判結果的評估

德國財政部內部評估指出：儘管條件苛刻，但若無國際貸款援助，德國將陷入總體崩潰，社會革命與外國軍事干預恐一觸即發。因此，即使被迫接受監督與開放市場，亦需設

法保存核心財政與貨幣決策權。

財政技術官僚強調:「保住經濟流通,比保住軍備更關鍵。」

七、專家觀點:財政脆弱國家的外交籌碼困境

國際政治經濟學者指出,德國在停戰談判中的角色是一個典型「財政脆弱國家」,無論在戰場成敗與否,其經濟承受能力已被透支,談判籌碼極度稀薄。

學者指出:「當一國需以貨幣與信用為籌碼與世界對話,其主權即已進入過渡狀態。」德國在 1918 年的外交談判,本質上是經濟求援與制度讓渡的同步進行。

小結:談判桌上的經濟現實

德國之所以急於求和,不單是軍事形勢惡化,更關鍵的是經濟體系已無支撐空間。停戰談判的背後,是關於貨幣穩定、債務重組與經濟主權的再協商。國際貸款不只是財政工具,更是影響德國國家制度重構與戰後命運的隱性推手。

第五節　軍事失利與經濟瓦解的交錯節奏

第一次世界大戰末期,德國面臨雙重危機:軍事戰線的全面崩潰與經濟體系的急速瓦解。這兩大變局並非單一線性

第六章　戰爭後期的崩解與應變

關係,而是一場彼此交織、互為因果的崩解過程。軍隊士氣潰散加速內部經濟信心瓦解,而經濟供應斷裂反過來使前線軍力支持系統形同虛設。

一、西線潰敗與軍需補給系統的崩潰

1918 年夏至秋,協約國在西線發動連番攻勢,德軍逐步潰退。軍需補給路線因鐵路毀損、燃料短缺與工廠停產而無法維持,導致前線物資供應中斷,士兵飢餓、缺彈、傷患無法及時救治,軍隊戰力迅速下降。

這場軍事失利首先暴露的是後勤體系的經濟崩解。

二、動員體系反噬社會經濟結構

德國戰時經濟體制高度集中軍工生產,導致民生物資極度短缺,民眾生活條件崩潰。當前線敗象擴散時,民間不再視物資匱乏為「必要犧牲」,而開始質問制度正當性。

工人罷工、農民抗糧、都市饑荒連成一氣,成為對軍事體系的反作用力量。

三、國內信心崩盤與貨幣失序

敗戰預期迅速蔓延至金融領域,德國馬克遭遇信心拋售,黑市匯率急劇波動,民眾開始囤積實物並拒收紙幣。銀

行面臨擠兌壓力,企業轉向以物易物或發行私券進行交易。

這些現象使得中央財政機制幾乎停擺,信用經濟崩潰成為戰敗前夜的財政景象。

四、軍方菁英對政治現實的延遲反應

即使在軍事節節敗退的情況下,部分德軍高層仍堅信可透過戰術調整延長戰局,未即時通報實情或配合停戰準備。這種判斷誤差使得經濟部門無法同步啟動重整機制,延誤民間動員與糧食儲備,進一步拖累整體國家穩定。

軍政協調失調,是軍經體系解構的重要因素。

五、民間輿論對軍經結構的全面反噬

敗戰事實一旦無法遮掩,報紙、工會、學界與政治反對派一致將責任歸咎於「軍事獨裁與經濟失政」。赫弗里希時期的債務政策與軍方對民需忽視,成為批評焦點。

這場輿論風暴加速軍經結盟破裂,也為威瑪體制鋪路。

六、制度瓦解與治理真空的同步浮現

軍隊潰敗、財政崩潰與社會秩序失控幾乎同時發生,使得政府無法進行有效控制或危機干預。地方行政崩潰,軍隊

第六章　戰爭後期的崩解與應變

失去紀律，城市糧食分配體系停擺。

這種「同步性失能」代表整體國家治理邏輯已無力支撐危機應對，為政權瓦解奠定結構基礎。

七、專家觀點：雙螺旋失效的經典範例

軍事史與經濟史學者將德國 1918 年晚期情勢稱為「雙螺旋失效」現象：軍事失敗加劇經濟崩潰，經濟崩潰反過來削弱軍事支持體系。這種雙向失衡擴大至整體制度層面，是總體戰體制崩潰的關鍵信號。

正如一位學者指出：「戰敗並不始於前線，而是從每一份無法送達的麵包開始。」

小結：雙重崩解中的帝國終章

德國在 1918 年晚期所經歷的不僅是軍事失利或經濟危機，而是一場交錯節奏中的雙重崩解。當軍隊潰散與經濟瓦解互為因果、相互放大，國家制度便進入臨界失穩狀態。這場交錯節奏的崩壞，不僅終結德意志帝國，也形塑了歐洲戰後新秩序的起點。

第六節　戰後經濟預測的樂觀與幻滅

在德國 1918 年簽署停戰協定之際，許多官員、企業領袖與國際觀察家一度對德國經濟復甦寄予高度樂觀期待。他們相信，結束戰爭意味著和平紅利與重建契機即將來臨。然而，這些預測很快被現實擊潰：通貨崩潰、外債壓力與社會混亂遠超過原先評估，戰後經濟不但未快速復甦，反而陷入更深的幻滅與危機。

一、和平紅利的預期與興奮

1918 年 11 月停戰簽署後，德國媒體與工商界普遍期待「和平紅利」將帶動工業復甦與對外貿易重啟。企業主普遍認為戰爭需求將轉換為民生需求，失業人口將因重建需求快速吸納，國家財政可藉由稅收正常化逐步回穩。

這種樂觀氣氛迅速擴散至銀行與出口業界。

二、戰後貸款與國際信用的誤判

德國財政部與工商會對戰後國際貸款寄予厚望，特別是期待美國銀行團在戰後開放信貸通道。政府更設立專案小組，規劃透過紐約與倫敦取得至少 50 億金馬克融資。

然而，協約國將賠償責任置於優先順位，對貸款設定政治附帶條件，使德國實際取得外援困難重重。

三、失業潮與生產系統未即時轉換

軍需體系解構後，大量工人遭解僱，且部分企業因轉型困難或原料中斷無法復工。1919 年初，失業率高達戰前四倍。政府雖啟動救濟與公營就業計畫，但效果有限。

民間市場信心未恢復，生產與需求未能同步啟動，形成惡性循環。

四、惡性通貨膨脹預兆浮現

中央銀行為支付戰後救濟與行政費用，被迫持續發行貨幣，致使紙幣供應量暴增。物價迅速上漲，民眾開始囤積實物、拒收紙幣。貨幣信心動搖，民間開始出現以黃金、美元或糧食作為替代交易媒介的現象。

這成為後續惡性通膨爆發的早期訊號。

五、賠償條款引爆資本外逃

《凡爾賽條約》公布後，賠償金總額高達 1,320 億金馬克，使國內企業與富裕階層開始將資產轉移至瑞士與北歐，

資本外逃加劇國內投資枯竭。

企業紛紛延後擴張與設備更新計畫,導致整體經濟停滯與生產基礎弱化。

六、社會支出壓力與財政擴張失控

戰後政府需面對失業救濟、退伍軍人照護與政治補貼等大量支出,但稅基尚未重建,導致財政赤字持續擴張。稅制改革因政治紛爭無法落實,公共財政失衡使國際信用評等下降。

外國投資者失去信心,德國成為「高風險主權」標的,貸款利率飆升。

七、專家觀點:從戰後預期理性到幻滅現實

政治經濟學者指出,德國戰後經濟預測的樂觀來自對「正常化」的過度信仰,卻忽視制度斷裂、戰爭創傷與外部制裁三重因素的結構性衝擊。

學者評析:「和平不是經濟起點,而是脆弱制度的考驗場。」戰後的幻滅並非來自單一政策失誤,而是整體制度無法承接和平秩序所需的穩定能力。

第六章　戰爭後期的崩解與應變

小結：和平未竟的經濟迷思

　　德國戰後經濟由樂觀轉向幻滅，展現出戰爭結束不等於危機結束。從外部資金預期落空到內部治理失衡，和平的來臨反而暴露出制度準備的不足與經濟重建的脆弱。這一段歷史揭示：戰後秩序的建立，需要的不僅是停戰，更是深層制度與財政的同步重構。

第七節　糧食動員失靈與配給體系崩盤

　　第一次世界大戰後期，德國糧食短缺已達臨界點。戰後初期，政府試圖透過一系列糧食統制與徵收措施，調節農村與城市之間的糧食供需。然而，這些以強制徵糧與行政配給為核心的政策，最終因設計失衡與執行困難而全面破裂，不僅導致城市糧食供應崩潰，也嚴重削弱政府與民間之間的信任，成為戰後社會秩序動盪的重要推力之一。

一、政策初衷與動員邏輯的延續

　　戰後糧食統制措施的設計，延續了戰時「國家全面動員」邏輯。政府要求農民上繳自用以外的糧食剩餘，由中央統籌再分配，以保障城市糧食需求。然而，此一體制結合了強制

第七節　糧食動員失靈與配給體系崩盤

上繳、價格凍結與懲罰性條款，既忽略農村經濟現實，也缺乏地方行政的彈性，反而引發廣泛的牴觸與反效果。

二、農村反彈與隱匿常態化

面對不合理的糧價與徵收壓力，農民大量隱匿糧食、逃報產量，甚至將餘糧轉入黑市銷售。在缺乏信任與激勵的條件下，餘糧被視為自保資源，徵收制度形同虛設。地方官員與農民社群間的密切關係，也使得政策執行浮於表面，中央難以有效介入。

三、城市配給體系的崩潰

隨著徵糧數量不足，城市配給體系迅速失靈。麵包、馬鈴薯、糖與牛奶等基本民生物資長期短缺，民眾需排隊數小時仍得不到糧食。營養不良與疾病蔓延，兒童發育遲滯、老年人死亡率上升，城市社會的不滿情緒與絕望情緒日益加深。

四、黑市盛行與糧票失效

黑市成為主要糧食供應管道，價格動輒高出法定五倍。即使如此，民眾仍願高價購買，只為溫飽一餐。部分行政與軍警人員亦涉入黑市流通，加劇腐敗現象，使糧票制度名存實亡，國家對物資分配的控制幾乎完全喪失。

第六章　戰爭後期的崩解與應變

五、地方主義與中央失能

德意志帝國各邦在糧食政策執行上出現明顯分裂。部分地區自行解釋命令、擅自調整規範，甚至公然抵制中央徵糧政策。普魯士東部與巴伐利亞等地直接拒繳餘糧，形成地方主義對中央體制的挑戰，進一步削弱帝國的政治統合。

六、社會信任的結構性崩壞

糧食動員原可作為國家凝聚力量的契機，卻因僵化的治理手段與懲罰式管制導致信任破裂。民眾普遍認為政府已無力保障最基本的生存權利，統治正當性遭受全面質疑。取而代之的是自發性救濟組織與地方糧食協會的興起，開始在地化取代國家角色。

七、專家觀點：糧食統制作為制度失靈象徵

社會政策與政治經濟學者普遍認為，糧食統制的失敗，顯示出戰時治理思維錯置於和平時期社會的嚴重後果。學者指出：「當動員體制脫離合法性基礎時，控制越強，逃避越快。」國家未能理解制度韌性與社會信任間的關聯，使得治理成效與社會接受度出現根本裂痕。

小結：糧食危機下的治理崩解

　　戰後德國的糧食統制政策與配給體系的全面失靈，不僅反映出資源調控能力的喪失，更揭示社會契約的解體。國家治理若無信任與彈性作為制度支柱，即使行政動員機制再強，也將無法撐住最基本的民生體系。未來的重建，唯有從制度重構與社會修復雙重路徑展開，方能避免再次重演同樣的瓦解。

第八節　經濟疲態與政權更迭關聯分析

　　第一次世界大戰結束時的德國，面對的不僅是經濟崩潰，更是政權更迭的重大轉折。從威廉二世退位到威瑪共和的成立，這段歷史變動的背後，深深植根於國家的經濟疲態。專家學者從不同角度切入，分析經濟困境如何侵蝕統治合法性、削弱治理能力，最終推動政體更迭的不可逆過程。

一、經濟脆弱性作為政治瓦解的預示器

　　政治社會學者指出，經濟指標常是政權穩定度的先行訊號。1918年前後德國失業率飆升、物價飛漲、民生危機四伏，已預示制度正在喪失支持基礎。政府無力維持基礎經濟秩序，成為社會階層質疑政權合法性的導火線。

　　經濟無效治理，等同治理無效經濟。

第六章　戰爭後期的崩解與應變

二、財政赤字與統治資源的雙重流失

財政學者分析指出，德國在戰後需同時應對賠款壓力與內部社會支出需求，卻無稅收基礎與金融市場支撐，導致政府統治資源逐步枯竭。公務體系薪資延遲、行政服務中斷，削弱國家權威。

治理權力逐漸轉移至街頭與非正式組織，政體空洞化快速發展。

三、經濟崩潰對中產階級的動員作用

歷史學家認為，戰後德國的通膨與失業最深刻地衝擊中產階級，動搖其對現有政體的支持。許多過去溫和的商人、公務員與教育工作者，因資產貶值與社會地位滑落而轉向激進政治立場。

政治極端化的基礎正是來自經濟中間層的幻滅與焦慮。

四、經濟困境與軍方角色的重構

軍事與政治研究學者強調，戰後軍方因財政限制與社會聲望降低，逐漸從國家核心邊緣化。其原有在威權體系中的制度功能消失，無法發揮穩定政局之效。軍事機構經濟支持的中斷，也導致其對政治忠誠出現鬆動。

國家暴力機器的失衡，是政權崩塌的重要節點。

五、經濟話語權的轉移與新政體正當性建構

威瑪共和初期，政治菁英試圖以「經濟秩序恢復」為新政體的合法性基礎。學界指出，當國家主權無法靠歷史血統與軍事光榮維持時，經濟話語即成為新政治秩序的核心正當性資源。

因此，治理焦點從軍事勝利轉向市場穩定與就業創造。

六、經濟失控與社會契約的破裂

社會理論家指出，政府與民眾之間的隱性契約包含基本生活保障、價格穩定與就業安全。當這些條件無一實現時，人民對政體的耐性急劇下降。德國 1918 年的群眾抗爭與政治暴動，實質上是對社會契約失效的群體反撲。

政權穩定，不在軍力而在於「經濟可被預期的日常」。

七、學術結語：經濟疲態是政權更迭的制度鏡像

多位跨領域學者一致認為，德國帝國的瓦解，雖由軍事失敗觸發，但經濟疲態才是更深層的推動力量。制度一旦失去經濟支撐，政體合法性即失去實體承載。治理邏輯若無法有效對應社會經濟壓力，政權更迭即成必然路徑。

正如一位學者所言：「戰爭或許決定戰場，但經濟決定制度的存續。」

第六章　戰爭後期的崩解與應變

小結：當經濟耗盡政權的制度基礎

　　德國從帝國崩解到威瑪共和的轉換，經濟困境是全局的壓力源與制度重構的催化劑。從失業、通膨到財政崩壞，經濟疲態層層侵蝕統治結構，使政權失去群眾支持與制度延續可能。這段歷史昭示：經濟不是政權的附屬面，而是其根基之所在。

第七章
戰後賠款體系與德國經濟重建起點

第七章 戰後賠款體系與德國經濟重建起點

第一節 凡爾賽條約與賠款條件細節

第一次世界大戰結束後,協約國在 1919 年針對德國戰爭責任與賠償義務簽訂《凡爾賽條約》。條約第 231 條明確將戰爭責任歸咎於德國與其盟國,作為賠款與領土處分的法理依據。此舉在當時德國社會引發巨大爭議,也為日後德國經濟重建設下難以承擔的重負。

一、戰爭責任條款與道德指控

條約第 231 條,通稱「戰爭罪責條款」,將戰爭發動的全部責任歸於德國,並要求其對所有戰爭損失與傷亡負起賠償責任。這一條文的道德性指控效果遠大於法律實效,成為德國民族心理上的恥辱象徵。

德國國內將此稱為「恥辱條款」,並作為反對威瑪共和與協約國談判的重要政治資源。

二、賠款總額與金額爭議

1921 年,賠款委員會最終確認德國需支付的總額為 1,320 億金馬克,折合當時幣值約 330 億美元。此金額遠超德國財政承受能力,亦未考慮其戰後經濟恢復現況,引發國內外經濟學界廣泛批評。

德國官方代表曾多次要求重新評估金額，但遭英法堅決拒絕。

三、賠款形式與支付期限

賠款形式分為金錢支付、貨物移交（如煤炭、鋼鐵）、船舶交還與服務勞務。初期設計為分三十年償還，並需接受國際監管機制審查。

德國政府需依照時間表繳納年金與貨物，並提交詳細財政報表接受審核。

四、賠款管理機構的組成與權限

賠款委員會（Inter-Allied Reparations Commission）由協約國代表組成，負責監督賠款繳納、德國財政資訊取得、與國內資金流動監管。該委員會擁有實質凌駕德國財政主權的權限，甚至可干涉其預算分配。

這種制度性干預激化了德國國內的反外國情緒與社會不滿。

五、賠款條款對產業部門之衝擊

德國工業部門，特別是煤礦、鋼鐵與機械業首當其衝。為履行煤炭移交義務，德國需削減本國工業用煤供應，造成

第七章　戰後賠款體系與德國經濟重建起點

能源短缺與生產減退。德國中小企業在國際價格競爭下逐漸邊緣化，進一步拖累整體經濟復甦。

此外，失業率在 1920 年初短時間內翻倍上升，民生壓力驟增。

六、德國社會對條約的政治反彈

條約簽署後，德國社會出現強烈政治反彈。保守派與軍人集團指責威瑪共和「出賣國家利益」，激進民族主義勢力趁勢擴張。1920 年卡普政變即部分源於賠款不滿情緒。

賠款問題迅速升溫為德國新政體正當性危機。

七、專家觀點：條約經濟條款的制度陷阱

經濟史學者如約翰‧梅納德‧凱因斯 (John Maynard Keynes) 即批評凡爾賽條約為「和平的經濟自殺書」。他指出：條約忽視經濟承受限度，強加難以履行的賠償義務，實為孕育未來政治動盪與戰爭的溫床。

正如其預言：「若賠償設計不顧經濟事實，和平將如紙般薄弱。」

小結：和平條約背後的經濟壓力鍊

凡爾賽條約表面締結和平，實則透過賠款條件對德國構築了一個經濟高壓體制。從賠款總額、支付形式到外部監管，無一不限制德國自主復甦空間。這不僅影響經濟結構，更深遠地左右了政治穩定與國族認同，為 20 世紀歐洲局勢埋下長期不安因素。

第二節　國際結算銀行的角色與挑戰

在 1920 年代初，為因應日益複雜的賠款支付問題與國際資金流動的困境，國際社會於 1930 年設立國際結算銀行（Bank for International Settlements, BIS）。該機構雖最初旨在管理德國賠款支付機制，但其職能與運作過程反映了當時全球金融秩序建構的深層矛盾與挑戰。

一、設立背景與多重任務

國際結算銀行的創立是「揚計畫」（Young Plan）的一部分。該計畫希望透過制度性安排，將德國賠款支付「去政治化」，交由中立金融機構運作，同時促進國際間中央銀行協調與資金清算便利化。

第七章　戰後賠款體系與德國經濟重建起點

因此，BIS 兼具三項任務：處理賠款、協助中央銀行合作與穩定匯率系統。

二、股權結構與國際利益平衡

BIS 的股權由主要歐洲協約國中央銀行與私人金融機構持有，美國聯準會與華爾街銀行亦參與其中。此種「公私混合」結構試圖在政治主權與金融操作之間取得平衡。

然而，也因此使 BIS 在德國國內被批評為「國際金融資本干預主權」的象徵。

三、德國賠款帳戶的設置與限制

根據協議，德國需將黃金與外匯定期轉入 BIS 帳戶，由該行再分配給協約國。此一安排雖提升透明度與技術效率，卻也實質限制德國貨幣政策空間。

特別在經濟衰退時期，德國政府無法自由運用其對外收入或儲備，經常引發財政與貨幣政策衝突。

四、賠款爭議下的制度挑戰

儘管 BIS 成立初衷為中立仲裁者，但實際操作中仍深受政治壓力影響。當德國無力支付賠款或提出重議要求時，BIS 僅能依協約國主張行事，缺乏調解彈性。

這種技術機構功能被政治綁架的情形,暴露出制度本身的界限與矛盾。

五、全球經濟震盪對其穩定性衝擊

1931年奧地利信用安斯塔特銀行倒閉與隨後的歐洲金融風暴,使BIS運作遭受嚴重打擊。多國暫停支付與資本管制使其清算機制陷入癱瘓,連帶影響其信譽。

此外,全球大蕭條背景下,各國央行回歸本位主義,使BIS「協調平臺」的角色進一步式微。

六、德國國內觀感與反應

德國大眾普遍視BIS為賠款與外國控制的象徵,特別在國內通膨、失業與經濟崩潰期間,BIS常被當成國家主權受損的代罪羔羊。威瑪政府亦曾多次與其交涉,要求賠款金額調整或延緩,但屢遭拒絕,導致其政權信任度進一步下滑。

此種制度角色的不對稱,累積為國內民粹動員的養分。

七、專家觀點:早期全球金融治理的縮影

國際政治經濟學者指出,BIS的設立與困境是早期全球金融治理的一面鏡子:試圖建立超國家清算體系,但卻無法

脫離國家主權與政治賽局邏輯。其「金融中立性」的主張，無法承載民族主義情緒與社會經濟痛苦的現實。

有學者指出：「當機構設計忽略制度接受性與治理對等，合作體系終將變質為壓迫工具。」

小結：清算制度中的治理兩難

國際結算銀行的設立反映戰後國際社會對賠款問題的制度化想像，但實際執行卻暴露了治理結構的不對稱與功能彈性不足。在政治主權與技術治理之間的夾縫中，BIS 既未能真正解決德國賠償壓力，也無法穩定戰後金融秩序。其歷史經驗為後來國際金融合作提供深刻的制度警示。

第三節　賠款與德國國內經濟發展矛盾

凡爾賽條約與後續的賠款機制在設計上，雖旨在懲罰戰爭責任國，但卻忽略德國國內經濟復甦的基本條件。賠款制度與經濟重建之間的張力，不僅形成制度矛盾，也在實務上導致資源錯配、投資延宕與社會不穩。此一結構性衝突，成為德國 1920 年代經濟動盪的根本根源之一。

第三節　賠款與德國國內經濟發展矛盾

一、資源流出與國內投資困境

德國須將大量外匯、原物料與產出移作賠款用途，導致國內可用資本極度緊縮。許多原可用於重建基礎建設、恢復產能或提振消費的資源，被迫轉向對外支付。

投資報酬率下滑與預期不穩，使企業與銀行不願長期投入，形成資金「內捲化」現象。

二、財政負擔與稅收壓力的惡性循環

為履行賠款義務，德國政府需大幅提高稅收與發行公債。間接稅增加造成民眾實質購買力下降，直接稅則抑制企業盈餘再投資意願。

這種惡性財政結構使國家與民間皆陷入儲蓄不足與赤字惡化的雙重壓力。

三、貨幣政策空間遭到架空

在國際賠款委員會與 BIS 的監督下，德國對貨幣發行與利率調控的主權受限。尤其在 1923 年超通膨危機後，外國投資者要求穩定幣值與支付信用，迫使德國中央銀行採取緊縮政策，進一步抑制經濟成長動能。

第七章　戰後賠款體系與德國經濟重建起點

經濟學家指出：「對外償付優先於對內成長，是德國發展的結構矛盾。」

四、工業部門受限與勞動市場僵化

為配合賠款貨物交付要求，德國重工業部門產能被導向出口，導致民用生產無法有效復原。消費性工業與中小企業遭排擠，使都市失業率攀升，社會不滿擴大。

勞動市場無法吸收青年與退伍軍人，加劇社會不穩因素。

五、國內市場收縮與外部依賴加深

內需因物價不穩與稅負沉重持續收縮，使得德國出口依存度日益升高。然而出口收入仍需用於賠款，未能轉化為國內需求提升。

這種「出口－償付」循環使經濟內部動能始終無法形成，導致成長缺乏自我增幅效應。

六、中產階級財富縮水與社會分化

賠款壓力造成的通膨與財政緊縮，最直接衝擊中產階級資產結構。小商人、教師、公務員等群體財富縮水、生活水準滑落，信任制度的情感逐步流失。

此一階層轉向民族主義與反體制運動，為後來政治極化埋下基礎。

七、專家觀點：懲罰性制度與成長邏輯的衝突

制度經濟學者指出，凡爾賽賠款體系的根本矛盾在於：同時要求國家償付巨額金額，又期待其重建經濟、維持社會穩定。此一結構設計缺乏內在一致性，導致政策不具可持續性。

正如凱因斯所言：「不能同時榨乾一國血液，又要求其健步如飛。」德國1920年代的經濟矛盾，正展現這一制度悖論。

小結：代價經濟與重建困境的結構張力

德國在賠款義務與國內發展之間的拉鋸，不僅造成資源錯配與政策失衡，也深層影響社會階層結構與政治氛圍。賠款不只是財務條件，更是一場制度性經濟試煉。當外部要求凌駕內部需要，發展將失去本土根基，也為歷史走向更深沉的危機埋下伏筆。

第四節　美國道斯計畫的援助與附加條件

在1924年德國面臨財政崩潰與賠款停滯危機之際，美國推動的「道斯計畫」（Dawes Plan）成為重新穩定德國經濟與國

第七章　戰後賠款體系與德國經濟重建起點

際金融秩序的關鍵轉折點。該計畫一方面緩和了德國的短期賠償壓力，另一方面卻也在援助背後附加了重大的制度性條件與國際監督機制，深刻影響德國國內政策走向。

一、道斯計畫的形成背景

1923 年德國因無力支付賠款而導致法國占領魯爾工業區，隨後爆發惡性通膨危機，整個德國經濟體系幾近崩解。國際社會，尤其是美國與英國，意識到賠款制度若不調整，將導致歐洲整體金融失穩。

道斯計畫因此應運而生，旨在透過美國資金介入來「買時間」，穩定德國經濟並恢復其償付能力。

二、賠款支付重整與分期制度

道斯計畫調整德國賠款方式，設定首年支付 10 億金馬克，逐年遞增至 1929 年為 25 億。並取消原有因違約即遭制裁的自動懲罰條款，改以信用與穩定為衡量依據。

此一安排大幅減輕德國短期財政壓力，也為政府進行預算重整創造空間。

三、美國貸款注入與金融穩定計畫

根據協議，美國銀行團向德國提供約 8 億美元貸款，作為重建工業、修復公共基礎設施與穩定貨幣之用。這筆資金也間接用於支持賠款支付，形成「貸款支撐賠款」的金融架構。

美國實質成為德國財政穩定的保證者與主要債權人。

四、附加條件與制度監督安排

作為交換條件，道斯計畫要求德國重建中央銀行獨立性、改革稅制、設立預算平衡機制，並接受國際賠款官員駐地監督。

這些安排雖強化治理透明度，卻也削弱了德國國內政策自主權，引發國內政黨與工會抗議，認為主權遭受剝奪。

五、對企業與中產階級的激勵作用

外資注入後，德國銀行信貸恢復正常，企業獲得營運資金，促成工業產能回升與就業改善。中產階級在幣值穩定與消費復甦中重新累積財富，社會情緒短暫回穩。

經濟史學者稱此階段為「黃金的二十年代」（Goldene Zwanziger），代表相對穩定的短期復甦。

第七章　戰後賠款體系與德國經濟重建起點

六、結構性依賴與長期風險隱憂

儘管表面復甦，道斯計畫卻使德國對外資與賠款機制高度依賴。一旦外部市場或美國政策出現波動，德國經濟即陷入危機。1929 年美國經濟崩盤即迅速引爆資金斷鏈，說明該體系缺乏韌性與內生調節能力。

制度設計的「借貸性成長」反成隱性風險來源。

七、專家觀點：援助政策的代價與尺度

國際經濟學者指出，道斯計畫是一項典型的「條件性援助」（conditional assistance），透過資金交換制度改革，強化國際金融規則在一國內部的落實。

正如一位學者所言：「援助從不是無條件的慷慨，而是一種制度權力的展演。」德國經驗提醒後世：任何援助若無政治與社會共識支撐，終將難以持久。

小結：穩定背後的依賴困局

道斯計畫為德國短暫帶來經濟穩定與幣值信心，但其背後附帶的主權讓渡、制度改革與對外資依賴，構成潛在的治理風險。這段歷史顯示：國際援助不應止於資金輸入，更需關注制度設計的可持續性與社會承擔力，否則復甦將淪為泡影。

第五節　財政重整與中央銀行獨立性改革

在道斯計畫的推動下,德國不僅獲得金融援助與賠款重整機會,更被要求進行深層次的財政制度改革與中央銀行結構調整。這些改革既是對外部信用保證的承諾,也是內部穩定政策機能、重建國內外信任的制度基礎。

一、財政體制改革的迫切背景

1923 年德國遭遇惡性通膨後,原有的財政體制陷入崩潰:預算失衡、貨幣超發、稅基萎縮、債務堆積。面對國際資金援助與賠款新機制的壓力,財政重整成為重中之重。德國政府需建立可預測、可監管的預算制度,避免再次出現財政濫權。

二、預算制度改革與財政紀律重建

道斯計畫要求德國政府建立年度預算平衡目標,並引入國際顧問機制對預算編製與執行進行監督。財政部門需定期向國會與外部監察單位報告收支狀況,避免赤字無限制擴大。

此舉有助於提升財政透明度,但也引發國內「被干預主權」的憂慮。

第七章　戰後賠款體系與德國經濟重建起點

三、中央銀行重構與政治脫鉤

最具象徵意義的改革，是德國中央銀行——「帝國銀行」（Reichsbank）之獨立性重建。道斯計畫規定帝國銀行須脫離政府控制，其總裁與理事會由國會任命，任期固定、不得隨意罷免，並禁止其為政府赤字融資。

這一制度安排旨在保障貨幣政策穩定性與信用中立性，為日後「中央銀行獨立性原則」奠定範本。

四、貨幣穩定機制的制度設計

為重建幣值信心，帝國銀行推行嚴格的發券準備制度，即每發行一單位貨幣，必須有等額黃金或外匯儲備作為擔保。此機制有效約束貨幣供應膨脹，有助於中止通膨惡性循環。

不過，也限制了擴張性財政政策的空間，引發民間對經濟成長遲滯的擔憂。

五、稅制改革與收入擴張策略

德國政府配合財政重整，推動直接稅與企業利得稅的合理化改革，並擴大間接稅基以提升國庫收入。同時強化稅務稽徵與打擊逃稅行動，提升稅收執行效率。

此類改革雖提升財政收入，但也造成民間消費與投資壓力上升，成效一度受到爭議。

第五節 財政重整與中央銀行獨立性改革

六、制度改革的社會接受與落差

儘管改革帶來財政與金融穩定，社會各界對其影響看法分歧。企業界歡迎貨幣穩定與低利率環境，但工會與左派勢力質疑政府為迎合外資犧牲勞工權益。政府在調整財政政策與維繫社會穩定之間持續承受壓力。

這也反映制度改革不僅是經濟議題，更牽涉政治認同與社會共識。

七、專家觀點：現代財政治理的轉捩點

公共政策與貨幣史專家一致指出，1920 年代中期德國的財政與央行改革，是現代財政治理制度化的重要實驗。學者指出：「當國家學會放下貨幣濫權，亦須承擔如何建構合法治理的責任。」德國經驗顯示，制度約束與政治正當性需同步運作，方能達成真正穩定。

小結：從貨幣失控走向制度節制

德國在道斯計畫框架下進行的財政重整與中央銀行改革，代表著從戰時貨幣失控走向和平時期制度節制的轉型過程。這一階段不僅鞏固財政與金融秩序，也為後世建立中央銀行獨立性與預算紀律提供範式經驗。但若忽視社會接受力與政治參與，制度穩定恐將流於表面形式。

第七章　戰後賠款體系與德國經濟重建起點

第六節　工業重建與國際信貸回流

隨著財政重整與貨幣穩定逐步展開，德國 1920 年代中期迎來了一波工業重建的契機。道斯計畫與美國信貸體系的注入，不僅撐起德國國家預算，更為工業企業提供急需資金。然而，這場重建在資本導入與內部生產調整之間，始終潛藏依賴結構與市場風險的隱憂。

一、工業資金流通恢復與企業信心重建

國際貸款進入德國後，最直接受益者為工業企業。銀行體系因道斯資金保障重新活絡，企業得以獲取運作貸款與設備投資資金。工廠開始恢復生產，部分技術落後產業也逐步進行現代化調整。

這一階段，德國企業信心與投資指數明顯上升，帶動就業與內需改善。

二、基礎建設復甦與產業聯結強化

城市供電系統、鐵路與港口等基礎設施逐步修復，政府與地方自治體攜手推動公共工程計畫。這些措施不僅吸納大量勞動力，更強化產業間物流與能源供應的效率，形成典型的「乘數效果」。

特別是鋼鐵與機械業在基礎建設重啟後明顯復甦,成為經濟恢復的關鍵動力。

三、技術引進與產業結構升級初現

部分受惠於國際貸款的企業開始採購歐美先進機械,引入科學管理制度與標準化生產流程。德國化工、電子與汽車產業開始出現結構性升級趨勢,與美英先進工業國逐步縮小技術落差。

這也為後來德國「技術密集型」出口導向產業奠定基礎。

四、出口導向策略與貿易依賴問題

德國為獲取外匯以支付賠款,強化出口導向政策,補貼出口企業、減免海關稅費。短期內德國商品在歐洲與南美市場競爭力上升,貿易順差擴大。

但出口過度集中也使德國經濟對外部市場波動過度敏感,潛藏結構性風險。

五、中小企業復甦落後與區域差異擴大

儘管大型工業企業復甦快速,但中小企業因信用條件較差、抵押資產不足,仍難以從銀行取得貸款。鄉村地區與東部邦土地改革遲滯、產業鏈接弱化,發展明顯落後西部與都市地區。

第七章 戰後賠款體系與德國經濟重建起點

這加深德國經濟結構中的區域不平衡,也成為社會分化的新觸媒。

六、勞工權益改革與產業衝突潛伏

工業復甦並未同步改善工人處境,部分企業仍壓低薪資、延長工時,導致工會與雇主之間摩擦加劇。儘管威瑪憲法保障工人組織與談判權利,實際執行仍受企業施壓與政府效率所限。

產業和平表象下,其實潛藏著社會緊張與罷工危機。

七、專家觀點:信貸型重建的兩面性

產業經濟學者指出,1920年代德國的重建是「信貸驅動型復甦」,其特點為:外資主導、出口導向、基礎建設先行。雖帶來短期成長與技術升級,卻也產生資本依賴、內需脆弱與區域失衡等問題。

學者評論:「重建若無內生累積基礎,繁榮終將被資金斷鏈摧毀。」

小結:工業復甦背後的結構張力

德國1920年代中期的工業重建顯示出戰後經濟復元的可能性,但其依賴國際信貸、出口市場與大企業集中發展的模式,

也暴露出制度風險與社會不平等的潛在危機。工業繁榮若無伴隨制度穩固與社會調和,其韌性將無法面對未來的外部衝擊。

第七節　德國與法國經濟戰後交鋒持續

儘管德國與法國在 1919 年簽署《凡爾賽條約》正式結束戰爭,兩國在經濟領域的角力並未停止。從魯爾區占領、賠款議題到貿易與信貸安排,雙方圍繞「歐洲經濟主導權」展開持續博弈。這種戰後的經濟對抗,不僅反映出民族情緒與歷史記憶,更深刻影響歐洲整體金融與產業布局。

一、魯爾危機後的政治與經濟張力

1923 年法國單方面出兵占領德國魯爾區,意圖以實力手段強制徵收賠款。此舉激起德國全國性抗議與工人罷工,造成經濟癱瘓與通膨惡化。雖然國際社會最終介入調解,但法德關係由此墜入極度對立狀態。

經濟學者指出:「魯爾危機是一場貨幣戰與產業對決的交集點。」

第七章　戰後賠款體系與德國經濟重建起點

二、賠款談判中的結構性對立

在道斯計畫與揚計畫談判過程中，德國希望削減總額與延長償付時間，而法國則堅持償付為協約秩序之核心。德方主張「能力原則」（ability to pay），法方則主張「義務原則」（moral obligation）。

雙方的根本認知差異，使賠款議題持續成為德法經濟對抗的主軸。

三、工業產業競爭與技術爭奪

法國戰後推動重建鋼鐵與化工產業，與德國出口導向型工業直接競爭。兩國在中東歐與南歐市場展開價格與技術戰，特別是在機械製造與電子設備領域爭奪訂單與影響力。

經濟學界稱之為「戰後經濟勢力圈的延伸戰」。

四、貿易壁壘與貨幣政策矛盾

法國在 1920 年代中期對德國商品提高關稅，試圖抑制其出口擴張，並防止法國國內市場遭德貨傾銷。德國則採取補貼與匯率調控反制，雙方陷入典型的「報復性保護主義」循環。

此舉造成兩國貿易流動大幅下滑，損及整體歐洲市場整合動能。

五、信貸體系與資本流向競逐

在國際資本市場上,德法亦展開間接競爭。德國透過美國信貸重建財政與工業,法國則依賴內部儲蓄與殖民地資本進行擴張。兩國競相吸引外資與金融機構設立據點,影響歐洲金融中心格局。

巴黎與柏林的資本布局競爭,也展現經濟主導權的象徵意義。

六、外交策略下的經濟鬥爭

法國外交部利用多邊會議與國際組織管道爭取對德強硬立場正當性,德國則透過英美媒體與協議談判塑造「和平合作」形象。雙方在經濟主題中各自動員盟國與輿論資源,形成「外交包裝下的經濟對抗」格局。

這也反映經濟議題如何轉化為國家地位與制度認同之戰。

七、專家觀點:經濟民族主義的歐洲鏡像

歷史經濟學者認為,德法戰後經濟交鋒展現了歐洲民族國家體制下的「經濟民族主義」矛盾:國家以經濟手段延續戰時目標,在合作與對抗間反覆擺盪。德國希望藉由貿易與金融恢復地位,法國則藉賠款與封鎖延續其主導優勢。

學者總結:「和平未必中止戰爭,經濟可成為另一種戰場。」

第七章　戰後賠款體系與德國經濟重建起點

小結：和平語境下的對抗延續

德國與法國戰後在經濟領域的交鋒，揭示和平條約下仍持續運作的競爭結構。從工業競逐、貨幣操作到國際信貸競合，雙方不僅重構自身經濟命運，更深刻影響歐洲整體秩序的調整與重組。這場戰後延續的經濟對抗，成為理解歐洲整合困難與區域張力的重要切入點。

第八節　歷史賠款案例的政策教訓

德國戰後賠款機制的制度設計與執行困境，不僅為歐洲間戰後政治關係蒙上陰影，也成為 20 世紀多國學者持續反思的經濟案例。透過多種歷史比較與理論總結，專家觀點釐清了「懲罰性賠款」對國家治理、社會結構與國際秩序所帶來的連鎖反應。

一、經濟能力與政治責任的錯置風險

經濟史學者強調，凡爾賽賠款忽略了戰敗國實際償付能力，將政治責任與財務要求混為一談。此種設計導致德國不但無法穩定復甦，反而激化財政壓力與民眾仇外情緒。

學者指出：「一個國家的重建若以懲罰為前提，其經濟根基必遭侵蝕。」

二、賠款與貨幣危機之連動效應

凱因斯早在 1920 年即預測，若德國被迫支付過高賠款，將無可避免引發惡性通膨與貨幣信用崩解。實際上，1923 年超通膨即是賠款壓力結合財政失控的直接產物。

這一經驗成為後來各國面對賠款或主權債危機時的重要警示案例。

三、賠款制度與社會分化擴張

社會經濟學者觀察到，賠款制度將資源集中於償付與出口導向產業，造成中小企業與基層勞動者被邊緣化，社會結構更加兩極化。都市與鄉村、金融與生產部門間的落差擴大，社會不穩成為政治激進化溫床。

學者指出：「經濟懲罰容易製造敵人，難以換來制度穩定。」

四、國際監管機構的正當性與挑戰

BIS 與賠款委員會等監管機構的設立，初衷為提高制度效率與防止違約，然而其超主權角色未獲廣泛社會認可。德國民眾視其為「外國干預象徵」，反而削弱國內改革支持基礎。

專家強調，國際制度若無社會授權，難以執行其治理意圖。

第七章　戰後賠款體系與德國經濟重建起點

五、援助與賠償的混合政策效果

相較於凡爾賽體系的單向賠償安排，道斯計畫與揚計畫試圖結合金融援助與償付改革。學者評價這種策略為「合作型制度轉向」，雖未根本解決問題，卻提升了談判空間與信任基礎。

制度設計者須理解懲罰與支援之間的政策平衡。

六、歷史借鏡與當代主權債務協商

現代政治經濟學界以德國賠款經驗為前例，指出主權債務談判需顧及社會承擔能力、政治穩定性與長期發展潛能。無條件索償或高壓債務處理，易導致體制崩壞與社會失序。

如歐債危機、阿根廷債務協商等案例，皆可見德國歷史的影子。

七、學術結語：制度設計與歷史責任的界線

總結各方觀點，歷史賠款制度應平衡正義追究與重建機會。政策若僅基於報復或政治符號，而無經濟可行性與社會協商空間，終將淪為激化衝突之工具。

正如一位國際法學者所言：「制度設計應為和平鋪路，而非以懲罰代替和解。」

小結：賠款制度的歷史教訓與當代迴響

德國戰後賠款機制的歷史回顧，揭示制度設計與政治現實之間的張力。從貨幣失控到社會極化，從國際監管正當性到合作轉型的可能，賠款政策的每一步都牽動國家命運與區域穩定。這些歷史經驗不僅屬於過去，更為當代全球債務治理提供思考座標。

第七章　戰後賠款體系與德國經濟重建起點

第八章
比較視角：
同盟國與敵對國的財政模式

第八章　比較視角：同盟國與敵對國的財政模式

第一節　英國：戰時國債與黃金儲備運作

在第一次世界大戰期間，英國為支應長期戰爭所需，迅速動員其金融體系與殖民資源，形塑出一種「以債養戰」的財政模式。透過國債發行與黃金儲備管理，英國在維持戰爭支出同時，力圖穩住國內金融穩定與國際信用聲望。

一、戰時財政擴張的初步路徑

英國戰前財政體系以均衡預算與黃金本位為核心，但1914 年戰事爆發後，軍費迅速擴張，迫使政府暫時中止金本位，並啟動大規模國債發行機制。至 1918 年底，英國戰爭支出總額高達 93 億英鎊，是戰前年度預算的十數倍。

這種突如其來的財政轉向，深刻改變英國傳統財政文化。

二、國債市場的政策與社會動員

英國政府透過「戰時借貸運動」（War Loan Campaigns）向國內外發行債券，並結合公民宣傳與道德動員。例如以「支持前線就是購買國債」為標語動員民眾參與，使戰時財政獲得廣泛社會正當性。

民間儲蓄因此被導入國家預算系統,成為「內部債務」的基礎來源。

三、黃金儲備運作與國際結算策略

儘管英國暫時脫離金本位,其仍透過倫敦銀行體系調動帝國內黃金儲備。加拿大、澳洲、印度等地的殖民金儲被集中至倫敦清算所,用於穩定英鎊兌換率與國際支付。

此舉維持了英國作為全球金融中心的地位,也提升其戰時對外購買力。

四、與美國金融關係的深化

隨著戰爭持續,英國逐步由「債權國」轉為「債務國」,特別依賴美國市場籌資。1915年起,英國財政部與摩根銀行密切合作,透過紐約市場發行大量國債與短期信用工具。

至1918年,美國成為英國最大雙邊債權國,兩國金融關係因此深度綁定。

五、戰後償債壓力與黃金政策重構

戰後,英國需面對龐大國內外債務與黃金儲備枯竭問題。政府試圖重返金本位制度,以恢復國際金融聲望,卻因

第八章　比較視角：同盟國與敵對國的財政模式

高失業與通膨遭遇重大挑戰。1925 年短暫復本位政策，終在 1931 年因經濟壓力放棄。

這也顯示戰時財政遺緒難以由和平時期制度即時調和。

六、殖民資本的調用與制度支撐

英國能在戰時動員大量資源，關鍵在於其帝國體系。殖民地不僅提供黃金、糧食與兵源，更以儲蓄存款與金融機構參與倫敦市場。這使英國戰爭支出具備跨地域與跨貨幣支撐力。

但戰後殖民地對此「貢獻」反應複雜，也成為後續去殖民化運動的潛在議題源頭。

七、專家觀點：金融帝國的最後全盛

金融史學者指出，英國在一戰期間展現出前所未見的「金融帝國主義」能量，將其全球網絡與信用體系作為戰爭支出動員核心。學者評論：「倫敦不只是一個城市，而是戰爭的儲備機器。」

但這一模式也在戰後暴露出結構疲態，無法因應產業轉型與新興經濟強權崛起。

小結：黃金、債務與帝國的財政合奏

英國戰時財政體系以債券發行、黃金調度與帝國資源動員為三大支柱，形成橫跨內外部市場的財政合奏。其成功撐起戰爭支出壓力，卻也留下債務負擔、殖民壓力與制度調整空間日益窄化等隱憂。這段經驗為後來國家如何動員戰爭資本與調節財政永續提供重要參照。

第二節
法國：殖民資源的財政調度邏輯

法國在第一次世界大戰期間雖然地處歐陸戰線核心，卻依靠其龐大殖民體系與多元財政手段支撐長期戰爭支出。透過財政集中、殖民徵調與戰時稅制變革，法國構築出一套高度動員化、跨境財政整合的戰時經濟機制。

一、中央財政集權與緊急預算機制

戰爭爆發後，法國政府立即啟動「特別戰爭預算制度」，由中央集權掌控支出與稅收決策。此機制允許政府繞過常規預算審查程序，迅速籌措軍費與糧補。

國會對此雖存疑慮，但戰時情勢壓力促使其予以配合。

第八章　比較視角：同盟國與敵對國的財政模式

二、殖民地貢獻的財政角色擴大

　　法國殖民地，尤其是北非、西非與印度支那，成為重要財政後勤基地。殖民政府被要求加徵稅收、徵收糧食並供應兵源，甚至發行地區性戰時債券。

　　殖民地資金回流母國成為彌補中央財政赤字的重要來源，也反映帝國控制力的極致運用。

三、對德戰線區域的特殊財政安排

　　由於法國本土部分地區直接捲入戰場，政府在前線與後方設立兩套財政制度。前線地區由軍事指揮部直接統籌資源與供應，後方則維持平時稅務與金融作業，盡量保障城市經濟與民生穩定。

　　這種「雙軌制」成為戰時資源管理的彈性調節機制。

四、戰時債券與國內動員相結合

　　與英國類似，法國亦透過大量發行戰時債券動員民間資金。1915 年起，政府推出「愛國貸款」（Emprunt National），廣邀民眾認購並搭配宣傳運動訴諸民族榮譽與反德情緒。

　　此舉不僅支撐財政，也凝聚國內社會共識。

五、財政通膨與貨幣應對策略

由於戰事持續與本土產能受損，法國貨幣發行迅速擴張，引發溫和通膨與儲蓄流失問題。為應對此一情況，法國央行暫停黃金兌換、實施外匯管制並限制金融資本流出。

但上述措施僅屬權宜之計，戰後仍需進行制度性調整。

六、殖民財政模式的回饋與矛盾

儘管殖民地在戰爭中貢獻巨大，但戰後當地民眾對高稅、徵兵與經濟剝削產生反感。多地出現抗稅、罷市與政治運動，反映殖民財政模式在社會承受力上的邊界。

殖民地對母國忠誠與財政貢獻之間的平衡，開始出現裂縫。

七、專家觀點：帝國經濟的戰時擴張與疲乏

殖民研究與財政史學者指出，法國在一戰中的財政動員模式展現「帝國經濟的戰時極限」。雖然短期內集中資源有效應對危機，卻也導致殖民地經濟過度榨取、治理正當性流失。

學者總結：「一場戰爭或許可由帝國支撐，但帝國卻可能因此而瓦解。」

第八章　比較視角：同盟國與敵對國的財政模式

小結：殖民治理的財政雙面刃

法國透過殖民資源與國內緊急財政體制組合，構築起一套強韌但代價高昂的戰時財政系統。儘管其成功緩解短期資金壓力，但長期而言卻激化殖民不滿與內部財政壓力。這一經驗揭示：戰爭財政若缺乏社會回饋與制度調和，其成效終將受到歷史結構的反噬。

第三節
俄國：革命前後財政崩解與重建

俄羅斯在第一次世界大戰期間的財政困境，不僅深刻牽動戰場表現，也為 1917 年革命鋪設經濟基礎。沙皇政權未能有效整合財政資源、控制通膨與平衡社會分配，導致戰時財政體系逐步崩解。十月革命後，布爾什維克政權嘗試重建新的財政制度，走上一條與資本主義財政截然不同的治理之路。

一、戰前財政基礎的相對薄弱

沙皇時期俄國以農業稅與進口關稅為主要財政來源，產業基礎相對薄弱，財政結構對外依賴性高。戰爭爆發後，原

第三節　俄國：革命前後財政崩解與重建

有稅收體系迅速失靈，國庫收入無法支應龐大軍費，迫使政府大量舉債與貨幣發行。

這為日後通貨膨脹與社會失控埋下隱患。

二、戰時借貸與貨幣發行的極限

俄國政府大幅依賴國內外債券發行，並大量印鈔以應付軍費與民生補貼。至 1917 年初，俄國貨幣供應量較戰前成長近五倍，價格飛漲、物資短缺，人民信心崩潰。

銀行體系功能逐步癱瘓，地方開始以物物交換取代貨幣交易。

三、財政崩潰與革命爆發的交錯節奏

財政崩解與社會不滿形成互為因果的惡性循環。徵糧困難、士兵軍餉不足與勞工物價壓力，使政府失去廣泛支持。布爾什維克與其他左翼力量乘勢高呼「打倒資產階級戰爭」，財政崩潰遂成為革命正當性的經濟證據之一。

十月革命不僅是政治劇變，更是財政體系徹底破產的結果。

四、蘇維埃政權的財政統合實驗

革命後新政府廢除舊有債務、收歸銀行、凍結商業信用，並以「戰時共產主義」推動糧食徵收、資源國有化與無償勞動

第八章　比較視角：同盟國與敵對國的財政模式

制度。初期雖確保軍需穩定，但經濟效率低落、黑市猖獗。

國家與市場之間的斷裂，進一步加深社會緊張。

五、新經濟政策（NEP）與財政修補

1921年起，列寧推動「新經濟政策」，容許部分市場機制與私有經濟存在，同時恢復貨幣制度與稅收體系。國家重新發行穩定貨幣「金盧布」，並建立財政部門負責預算、稅務與國企盈虧管控。

此舉成功穩定財政基礎，重建經濟活力，但也挑戰意識形態純粹性。

六、戰爭遺緒下的財政重建困難

儘管 NEP 階段財政逐漸穩定，但戰爭與革命所造成的基礎設施損毀與人口外流，仍使財政系統回復進程緩慢。地方稅收落實困難、國企效率低落與資本短缺，皆為財政治理的持續挑戰。

財政改革需與國家建設同步展開，方能長效運作。

七、專家觀點：革命財政的兩難路徑

政治經濟學者指出，俄國革命財政體系揭示一種「危機驅動的制度突變」：在舊制瓦解後迅速建立新秩序，但因缺乏中介制度與資本基礎，常陷入治理矛盾。學者總結：「革命可以摧毀債務，但不能創造信用。」

制度穩定需要不僅來自理念，更來自現實的資源調度能力與社會信任。

小結：從崩解到修補的財政劇變

俄國在戰爭與革命夾擊下的財政崩解與重建，展現出制度轉換的風險與潛力。從沙皇體制下的債務膨脹、革命財政的集中實驗，到 NEP 時期的權宜調和，這一歷程說明：財政制度不僅是經濟工具，更是政治穩定與社會整合的核心平臺。

第四節
美國：遠距參戰下的財政審慎擴張

美國在第一次世界大戰中的參戰時間雖晚，戰場距離也遠於歐洲各國，但其財政策略卻極具規劃與穩健特性。透過稅收改革、國債發行與戰時產業調度，美國不僅支應自身軍

第八章　比較視角：同盟國與敵對國的財政模式

事行動,更為戰後國際金融秩序奠定主導地位。其「審慎擴張」的財政模式,成為遠距戰爭下的典型範例。

一、參戰前的財政儲備準備

美國雖於1917年才正式參戰,但財政部自1914年即開始評估戰爭風險對經濟與財政之潛在衝擊。透過嚴密的債務統計與黃金儲備管理,聯邦政府建立起戰時財政擴張的政策空間。

此一前期規劃,為戰後國債操作與預算彈性提供制度基礎。

二、戰時稅制改革與進步稅導向

戰爭爆發後,美國大幅改革聯邦稅制,擴大所得稅基、引入戰利所得稅與企業超額利潤稅,強化稅收公平性與財源穩定性。1916～1918年間,聯邦稅收總額成長四倍,稅收占軍費支出比重超過三分之一。

此舉為戰後福利國家制度發展提供財政經驗。

三、自由債券（Liberty Bonds）動員機制

美國政府推出多輪自由債券發行,並結合全國性宣傳與地方銀行網絡實施動員。民眾以購債表達愛國情感,學校、

第四節　美國：遠距參戰下的財政審慎擴張

教會與企業亦加入銷售與推廣行列，形成「公民財政參與」的戰時財政文化。

債券銷售收入成為軍費與對外援助之主要資金來源。

四、產業重組與財政介入範圍

戰時產業轉向在美國由政府組織如戰爭工業委員會（WIB）負責，制定價格、原料配給與訂單優先順序。財政部則協助金融安排與保證收購價格，保障企業融資穩定。

此種財政與產業政策結合機制，展現國家能力的效率與節制兼具。

五、黃金儲備與信用地位的提升

受益於戰前黃金流入與戰時貿易順差，美國黃金儲備快速累積，並於 1917 年成為全球最大黃金持有國。美國聯邦儲備體系藉此穩定美元匯率與控制通膨，確保戰後國際支付地位的提升。

美元逐步取代英鎊地位的進程，始於此一財政運作成功的轉捩點。

第八章 比較視角：同盟國與敵對國的財政模式

六、戰後債務管理與信譽擴張

戰後美國未選擇激進消債路線，而是持續履行利息與本金還款，並援助歐洲盟國償債，提升其在國際債權市場之聲譽。1920 年代美國國債持有人信心穩固，信貸規模擴張迅速，強化其全球資本輸出國角色。

這一策略建立起穩定的債務治理與國際信用架構。

七、專家觀點：距離創造穩定的制度空間

經濟史學者普遍認為，美國的財政模式代表「距離帶來審慎，審慎孕育制度」。未被戰場直接波及的美國，能以長期眼光與制度設計推動漸進式財政擴張。

學者指出：「美國財政在戰爭中展現的，是制度耐力與民主財源動員的結合。」

小結：審慎擴張與國際主導的起點

美國在一戰中的財政策略，展現出非戰場國家如何透過制度設計、社會動員與信用擴張，建構穩定有效的財政體系。這一階段不僅保障國內軍需，更為戰後美國取代英國主導金融秩序奠定堅實根基，成為 20 世紀國際財政格局的重要轉折點。

第五節
奧匈帝國：多民族困境中的稅收瓦解

奧匈帝國作為一個多民族組成的雙元君主國，其在第一次世界大戰中的財政管理面臨前所未有的壓力。戰爭動員與稅收體系原本即受民族分歧與地方分權影響，而戰時財政需求的急遽上升更暴露其制度結構的脆弱。最終，奧匈帝國未能有效整合其財源與貨幣體系，成為帝國解體的經濟催化劑之一。

一、帝國內部財政協調的結構問題

奧匈帝國由奧地利與匈牙利兩部分組成，各自擁有獨立的財政部門與稅收體系。中央政府僅能透過協商協定取得共通開支預算，導致戰時支出籌措高度碎片化，政策協調困難。

此種制度安排在戰時無法快速整合資源，成為財政運作的一大障礙。

二、多語族稅收管制的執行挑戰

帝國境內超過十種主要語族，徵稅機構需面對語言、法制、稅基結構等多重差異。許多地區出現稅收抵制與逃漏，甚至在部分斯拉夫地區與羅馬尼亞區域出現公開抗稅運動。

民族認同與政治忠誠分裂，使財政順從度持續下降。

第八章　比較視角：同盟國與敵對國的財政模式

三、戰時貨幣發行與通膨失控

帝國政府為應對軍費壓力，大量發行克朗（Krone），但因缺乏黃金儲備與統一貨幣管理機制，導致嚴重通膨。1914 至 1918 年間物價上漲超過十倍，實質薪資劇減，都市貧困人口急劇上升。

中央銀行功能形同虛設，無法穩定幣值。

四、軍費撥款與區域資源分配爭議

戰時軍費主要集中於德語與匈牙利語區軍工產業，波希米亞、克羅埃西亞等地區資源分配明顯不足，引發不滿與抗議。地方政府普遍質疑中央徵稅「只徵不返」，削弱統合意識。

財政成為內部資源爭奪的焦點，而非凝聚手段。

五、物資配給與黑市氾濫

財政失調亦表現在物資供應與價格穩定上。糧食與燃料配給系統頻繁失靈，導致黑市興盛，價格飆漲。農民拒絕以法定價格出售作物，城市居民陷入饑荒與生活絕望。

財政與物價政策雙雙失控，削弱政權正當性。

六、戰後債務與民族自決裂解

戰爭結束後，奧匈帝國債務累計超過 150 億克朗，且由於帝國分裂，各新成立國家對債務承擔分歧。民族自決原則與國界重劃，使債務清償與資產分配爭議不斷。

舊帝國財政體系無法支撐新國家治理，制度真空成為轉型阻礙。

七、專家觀點：稅制瓦解與國家合法性的終結

政治經濟學者普遍認為，奧匈帝國財政的崩潰不僅是經濟危機，更代表著一種「合法性之耗竭」。在多民族統治架構下，當稅收無法轉化為公共服務與國族認同時，政權存續便失去基礎。

如一位學者所言：「帝國從不是死於戰敗，而是敗於人民不再納稅。」

小結：制度分裂中的財政敗局

奧匈帝國在戰時面對的稅收瓦解與財政崩潰，根源在於制度架構的多重割裂與民族整合失敗。當財政不再具備整合功能，國家體系便無法有效調配資源與維繫穩定。這一案例提供深刻教訓：稅收制度不只是經濟工具，更是國家合法性與社會認同的象徵支柱。

第八章　比較視角：同盟國與敵對國的財政模式

第六節
日本：對德宣戰後的東亞經濟機會

在第一次世界大戰期間，日本雖遠離歐洲戰場，但憑藉其對德宣戰與亞洲戰略擴張，成功取得一系列經濟與地緣利益。戰時需求的激增使日本出口產業快速發展，而德國在東亞的勢力真空亦成為其擴展財政與產業版圖的契機。日本的「遠距參戰」模式展現出一種戰爭經濟的機會主義邏輯。

一、參戰動機與東亞戰略目標

日本於 1914 年向德國宣戰，表面上是履行英日同盟義務，實際則以奪取德國在山東與太平洋殖民地為主要目標。藉由青島戰役與馬里亞納群島接收行動，日本擴張其在東亞與南太平洋的戰略觸角。

這一系列舉措為其經濟資源擴張與海外貿易提供重要支撐點。

二、德資撤離與接管產業機會

戰爭使德國在東亞的貿易網絡與企業撤出，日本立即接管德資設施、港口與交通基礎設施，並派遣企業與官員進駐

管理。此舉不僅鞏固其在中國沿海的影響力,也為其財政創造額外收入來源。

部分學者稱此為「和平條件下的經濟接收戰」。

三、出口驟增與產業升級契機

由於歐洲列強陷入戰爭,日本迅速填補其在亞洲市場上的空缺,紡織、鋼鐵、化工與日用品出口大幅成長。1914～1918年間,日本出口總額成長超過兩倍,企業利潤顯著上升。

戰時技術引進與設備擴充,也促使部分產業走向現代化。

四、軍需工業與財政盈餘擴張

日本軍需品供應除自用外,亦大量外銷予協約國軍隊與中國北洋政府。由於生產成本相對低廉,日本成為戰時物資的重要供應國,帶動國內財政稅收大幅增加,政府在1917年出現罕見財政盈餘。

此為其戰後基建與社會政策擴張提供財政基礎。

五、貨幣政策與黃金儲備增加

戰爭導致大量外匯流入日本,黃金儲備自1914年起穩定上升,政府與銀行開始擴張貨幣供應,同時推動日圓穩定政

策，嘗試強化其國際信用地位。儘管並未挑戰美元與英鎊主導，但日本在亞洲區域貨幣地位大幅提升。

財政與金融機構之協同，展現出動態調整能力。

六、國內社會反應與分配矛盾

儘管戰時經濟表現亮眼，但財富分配嚴重不均，農村地區物價上漲與生活壓力上升，導致 1918 年爆發「米騷動」。這反映戰爭紅利集中於工業與財政菁英，未能普惠社會各階層。

此也迫使政府日後推動稅制改革與社會安撫政策。

七、專家觀點：機會戰爭的雙重效應

日本經濟史學者指出，日本在一戰中的表現展現出「機會戰爭經濟」的典型樣態——透過他國戰爭所創造的市場與資源空間進行輸出導向型擴張。學者強調：「日本未受戰火，但以戰爭為加速器完成產業結構改變。」

然而，社會分配與殖民擴張的反作用力也開始醞釀。

小結：戰爭機會與結構轉型的交會

日本透過對德宣戰與東亞勢力接收行動，在第一次世界大戰期間成功實現經濟與財政的雙重成長。然而，這種以戰

爭為跳板的擴張模式也內含社會不穩與區域對立風險。這段歷史不僅突顯戰爭經濟的多重面貌，更為理解亞洲現代財政國家形成提供關鍵觀察視角。

第七節　國際金融網絡的戰爭角色演化

第一次世界大戰對全球金融網絡造成劇烈衝擊與重組。隨著戰爭打破了舊有的金本位穩定體系，資金流動與信用機制逐漸由區域性擴展為國家間戰略工具。銀行、清算機構與貨幣政策轉化為戰爭支援與地緣經濟部署的延伸工具，使國際金融體系首次展現出「戰略性金融基礎設施」的角色。

一、金本位體系的暫停與重估

1914 年起，多數歐洲國家因應戰費壓力先後中止黃金兌換制度，金本位秩序瞬間瓦解。中央銀行轉向法定貨幣發行與信用操作，金融市場不再以金儲為信任基礎，而改由政府擔保與戰時法令主導。

此舉代表著國際金融治理從市場導向走向國家介入。

第八章　比較視角：同盟國與敵對國的財政模式

二、戰爭債券與跨境金融動員

英、美等協約國透過大量發行戰爭債券向國內外籌資，尤其英國與美國利用倫敦與紐約市場吸納中立國資金，使國際金融從貿易結算轉向戰爭融資。銀行、保險與信託業轉化為軍費後盾。

跨境金融資源的動員與集中，使戰爭呈現出資本「總體戰」性格。

三、紐約金融中心的快速崛起

隨著倫敦因戰爭捲入無法穩定資本流動，紐約逐步取代其為全球資金中樞。美國黃金儲備暴增，外債輸出規模擴大，聯邦儲備體系日益成熟。

這一時期象徵美元在國際金融秩序中開始超越英鎊地位的起點。

四、德國與奧匈帝國的金融孤立化

受制於英法封鎖與內部通膨，德奧兩國難以取得國際信貸資源，金融體系轉為內部循環與強制徵收。其中央銀行與財政機關合流，形成行政控制下的信用配給制，削弱金融市場彈性。

此亦顯示金融開放程度與戰爭持續能力間的正相關。

五、中立國金融中心的特殊角色

瑞士、荷蘭、瑞典等中立國雖未參戰，卻因其金融制度穩定與法制完善成為戰時清算與貿易結算中心。瑞士銀行體系在此期間形成跨陣營交易平臺，亦成為戰後 BIS 制度設計靈感來源。

中立金融中心展現出「間接參戰」的資本力量。

六、戰爭結束後的金融重建爭議

戰後，重建金融秩序成為國際優先議題。巴黎和會與後續賠款會議中，如何償付戰債與安置中立國資金成為金融外交主戰場。英美法間圍繞債權與賠款協調展開激烈交鋒，最終奠定 1920 年代國際債務秩序基調。

金融成為戰後秩序延續的重要制度場域。

七、專家觀點：金融全球化的戰爭催化

經濟史學者指出，一戰是金融全球化從貿易階段邁向資本階段的轉折點。國家開始理解金融體系的戰略意義，銀行、信貸與儲備政策成為國力展現的重要維度。

學者評論：「第一次世界大戰是資本從市場資源轉為國家武器的歷史起點。」

第八章　比較視角：同盟國與敵對國的財政模式

小結：戰爭如何改寫金融全球圖譜

國際金融網絡在一戰中從純粹的經濟運作機制，轉變為支持國家安全與戰爭持久力的戰略資源。從金本位的終止、戰債制度擴張、美元體系崛起到中立金融中心的戰時角色，這場全球戰爭重塑了 20 世紀金融秩序的結構，也為戰後制度建設奠定歷史基礎。

第八節　多元模式下的財政韌性比較

第一次世界大戰中，各國面對財政壓力時所採取的路徑各具特色，從英國的債務動員、美國的制度擴張、法國的殖民徵用，到德國、奧匈的體制崩解與俄國的革命轉向。這些財政模式所展現的「韌性」——即制度延展、資源動員與社會支撐力的綜合表現——成為後世評估國家戰時財政可持續性的關鍵指標。

一、集中 vs. 分權：制度架構的調適力

專家普遍指出，財政集中度高的國家（如英、美）能快速調整預算分配與債務安排，具備強化社會動員與穩定金融的能力。而制度分裂或雙重體系（如奧匈）則在稅收、貨幣與撥

款等層面產生延遲與扞格，削弱其戰時回應能力。

制度集中雖有潛在專制風險，但戰時可大幅提升執行效率。

二、內源資源 vs. 外援依賴

如美國與日本，其戰時經濟運作多依賴本國產業與國內儲蓄，故財政體系具有較高自主性。相對而言，法國與俄國在物資與資金上高度仰賴盟邦或殖民地，造成在外援減少時系統性震盪加劇。

這也導致戰後債務協商與殖民動盪成為持續議題。

三、通膨管理與貨幣信心建構

德國、奧匈與俄國在戰時出現惡性通膨，其共通特點為戰時預算失控、中央銀行貨幣化軍費與社會信心崩解。與此相對，美國透過儲備金與稅制改革，維持幣值穩定，並培養戰後的信用主導地位。

學界指出：「貨幣信心是一國財政韌性的第一道防線。」

四、社會契約與納稅正當性

財政韌性除來自技術設計，也與社會契約深度有關。英、美透過戰債與所得稅，建立「參與式財政」邏輯，強化納

第八章　比較視角：同盟國與敵對國的財政模式

稅者與國家之間的互信。而奧匈、沙俄則在語族分化或專制統治下失去社會稅務服從基礎。

學者認為：「納稅是否被視為義務，而非剝削，決定國家能否長戰。」

五、戰時財政對戰後體制的預鑄效果

不少學者指出，戰時財政制度為戰後政治經濟架構提供「預鑄模版」。美國在戰後成為債權國，英國持續擔任全球金融中樞，法國強化殖民財政治理，而俄國與德國的崩解則催生全新制度實驗（如 NEP、威瑪社會政策等）。

戰時措施往往成為戰後國家能力與公共政策走向的根基。

六、韌性不是單一指標，而是多維協調

專家共識認為，財政韌性並非單靠債務比例、稅收總量或黃金儲備等單一指標衡量，而需觀察其制度適應、社會整合與外部調節能力。韌性是一種持續調整、橫跨經濟與政治的「系統穩定度」。

此觀點強調政策規劃需融合制度靈活性與社會公平性。

七、學術總結：多樣體系中的共同教訓

無論戰前強國或發展中國家，各國在一戰中均面臨相似的財政壓力與動員需求。最終能否穩住體制，關鍵在於制度透明、資源調度靈活與社會承載能力。

正如一位國際財政史學者所言：「真正的韌性，不只是撐住今日財政，更是為未來制度創造彈性與回應空間。」

小結：制度、社會與財政的三元韌性矩陣

多國財政經驗顯示，韌性來自制度設計、社會動員與資本策略三者之間的協同作用。一戰為現代財政治理提出嚴峻考驗，也啟發後世對「財政不只是收支平衡，而是國家整體調節能力」的深刻理解。未來面對危機，如何在多元體系中實現財政韌性，將是所有主權國家的長期課題。

第八章　比較視角：同盟國與敵對國的財政模式

第九章
戰時經濟倫理與政治決策難題

第九章　戰時經濟倫理與政治決策難題

第一節　為何選擇通貨膨脹而非增稅？

在第一次世界大戰的財政應變策略中，通貨膨脹成為多數交戰國優先採行的手段，遠較直接增稅普遍。這一現象看似經濟技術操作，實則深植於戰時政治結構、社會承受力與統治正當性的權衡。從德國與奧匈帝國的鈔票氾濫，到英美戰時稅制改革與物價膨脹的相互交織，不難看出通膨背後蘊藏著制度性選擇與道德困境。

一、隱性課稅的政治低摩擦性

戰時政府亟需大量財源，但直接增稅往往面臨來自企業與中產階級的政治抵制。相較之下，通膨能以貨幣購買力的下降達成「實質徵稅」，成本分散、責任模糊，不易引起強烈反彈。這種「無聲課稅」機制成為戰時政權維持社會穩定與資源動員的潛在偏好。

二、稅制基礎薄弱與行政能量限制

多數戰前歐陸國家的稅收結構仍以間接稅為主，所得稅制度不健全，稽徵能力有限。例如俄國與奧匈帝國在戰爭初期即因行政機構效率低落而無法擴大稅基，迫使政府訴諸中央銀行發鈔權進行赤字融資。

三、通貨膨脹與戰債償還的隱性策略

隨著戰時舉債規模不斷擴大，許多國家選擇透過通膨稀釋債務負擔。特別是對於本國公民所持有之公債，幣值縮水意味著政府可用較少的實質財富完成還本付息，實質上將財政壓力轉嫁予民眾儲蓄與薪資價值。

四、戰時需求急迫與時間成本考量

通膨操作屬於行政與貨幣工具範疇，決策迅速、執行效率高，無需國會審議或稅制立法程序。在戰爭初期，快速動員資源往往比制度正當性更為重要，因此各國財政部與中央銀行多傾向以擴張性貨幣政策填補短期財政缺口。

五、物資短缺與物價失控的交互惡化

戰爭期間的物資供應中斷與黑市盛行，使物價本已處於上升壓力之中。通膨一方面為政府提供財源，另一方面又加劇市場預期失控，導致惡性循環。德國在 1917 年前後的通膨即呈現此種「財政赤字－價格上漲－貨幣貶值」的反覆循環。

第九章　戰時經濟倫理與政治決策難題

六、民主制度下的道德風險與妥協策略

即便如英國與美國等具備成熟代議制度的國家，在戰時亦採用物價適度膨脹搭配增稅的混合策略。這顯示即使在程序正當性強的體制中，政治人物仍需在效率與正義間進行現實妥協，通膨成為可被社會接受的次佳選擇。

七、專家觀點：貨幣倫理與政治責任的模糊邊界

經濟史學者哈羅德・詹姆斯（Harold James）指出：「通膨是國家治理無法面對真實財政困境時的一種制度逃避。」雖然短期有效，但通膨往往削弱制度信任、侵蝕財政誠信與社會穩定，長遠而言反噬統治正當性。

小結：效率偏好下的制度風險選擇

戰時各國普遍採用通膨而非增稅，既有制度限制之考量，也有政治正當性維護之需求。這種策略在短期內可紓解軍費壓力，但中長期則埋下物價失控、信用危機與財政失衡的結構性風險。這場看似經濟技術選擇的背後，實則是一場關於財政倫理與政治責任的深層制度賽局。

第二節　戰時財政官僚的道德困境

在戰爭機器全速運轉的情勢下，財政官僚被迫成為軍事動員背後的制度工程師。他們面對的不僅是數字與預算，更是來自軍方壓力、民意期待與國家命運之間的道德張力。從德國、奧匈到俄羅斯，無數檔案與書信揭示，這些幕後官員如何在極端情境中掙扎於效率、忠誠與倫理的三角地帶。

一、軍需優先與財政誠信的矛盾

軍方要求「不問代價」的資金支持，與財政部門維持信用、監督支出、避免赤字失控的職責本質上矛盾。許多財政高層發現自己被迫簽署虛增預算、掩蓋收支落差，甚至默許對基層民生支出的削減。

二、行政中立的動搖與政權服務化

財政官僚傳統上被定位為政治中立的專業技術階層，但戰時他們往往被迫擔任政權工具。德國財政部多名次長在戰後回憶錄中坦言，戰時預算報表多經由高層「潤飾」後再送出，只為維持國內外信心，而非反映實際狀況。

第九章　戰時經濟倫理與政治決策難題

三、預算分配中的道德選擇難題

當政府財源有限，財政部需決定哪些部門優先獲得資源。是補助兵工企業還是提升糧食配給？是擴建鐵路軍運還是修繕醫院？這些抉擇不僅關乎經濟效益，更牽涉對民眾基本權益的評估與衡量。

四、內部監察制度的萎縮與無力

戰時政府傾向集中決策，國會與審計單位功能弱化，導致財政部內部監察系統形同虛設。許多中層官員目睹制度瑕疵卻無從舉報，只能訴諸個人良知，在灰色地帶中維持最基本的專業倫理。

五、「無可選擇」的責任轉嫁結構

不少財政官員事後辯稱：「我們只是執行命令。」然而這種結構性安排，恰是戰時道德危機的溫床。當每一環節都將最終責任推向「更高層」，整體體系便失去對錯的倫理參照軸。

六、反抗與隱形抵制的個人選擇

也有部分官員選擇以拖延、模糊、改寫文件等方式進行「低強度抵制」，以保護弱勢群體或避免政策過於極端。在奧

匈與法國的部分地區,財政文書留下眾多暗語與注記,顯示基層人員嘗試以微弱方式維持制度邊界。

七、專家觀點:戰時官僚的倫理結構壓力

社會倫理學者指出,戰時財政官僚的角色是一種「被挾持的制度功能者」,他們在國家求存與社會公平間承受巨大張力。他們不是背叛者,也不是英雄,而是深陷制度悖論的凡人。

小結:被困於效率與良知之間的制度人物

戰時財政官僚所面對的困境,不僅揭示制度運作的潛在裂縫,也突顯個體在集體壓力中如何維持道德選擇的可能。從宏觀政策到微觀執行,這些角色構成國家財政倫理的實踐邊界。他們的掙扎,構成一戰財政史中最人性的一章。

第三節 民主制度下的財政效率與正當性

民主政體在面對戰爭壓力時,財政決策與資源調度需兼顧法治程序與民意支持。這種制度設計在提升透明度與合法性之餘,也暴露出運作效率與政策推動上的潛在張力。英國與美國作為典型案例,顯示出代議制度如何在極端情勢下調適財政體系,同時維繫民主正當性。

第九章　戰時經濟倫理與政治決策難題

一、國會授權機制與預算審議壓力

在英美兩國，重大戰時支出必須經由國會通過，預算審議程序仍維持基本制度框架。雖確保公共財政使用的合法性，但繁複程序也導致資源動員速度慢於德國等中央集權政體。部分戰時法案需數週甚至數月才能完成，軍方對此多表不滿。

二、財政資訊公開與社會認知落差

民主制度要求資訊透明，政府需公開財政赤字、債務規模與稅制改革進程。然而，民眾對於經濟數據的理解有限，常產生政策預期與實際成果之間的落差。例如美國戰時推行的自由債券計畫，在媒體鼓吹下獲得高額認購，但後期利率調整與市場波動引發中產階級不安。

三、選舉週期與財政決策風險

民主政體面臨定期選舉壓力，執政者易為追求短期政治利益，傾向選擇社會接受度高、但長期風險大的財政手段，如延後課稅、提高舉債上限等。這種「政治時間偏差」導致財政規劃難以形成穩定長期路徑。

四、戰時宣傳與社會動員合法性

與獨裁體制相比，民主政府無法強制徵稅或封存財產，只能透過宣傳機制建立民眾支持。例如英國財政部與國防部協同製作「你的一鎊養一名士兵」等海報，強調稅收與軍費間的直接關聯，提升繳稅意願與愛國認同。

五、公民參與機制與財政責任建構

戰時國債與公共債務普及化，使民主政體得以透過「納稅即參與」的邏輯將財政責任轉化為公民義務。美國自由債券制度結合地方銀行、教會、學校與社團，構築出一種分層式的財政動員網絡，兼具社會滲透與群體監督功能。

六、制度彈性與協商路徑建構

民主制度雖不如中央集權體制果決迅速，但其最大優勢在於可透過制度化協商降低政策反彈風險。英國在1916年所得稅改革時即採納工會代表與地方政府意見，有效減緩政策推出後的階級衝突與罷工風險。

第九章　戰時經濟倫理與政治決策難題

七、專家觀點：正當性與效率的制度權衡

美國政治學者漢娜・皮特金（Hanna Pitkin）指出：「民主國家的財政效率建立在其制度正當性的基石上。」儘管其運作速度不及獨裁體制迅速果斷，然長期而言，其內部監督與社會支持能提升政策的可持續性與合法性。

小結：程序之重與彈性之利的民主挑戰

民主政體在戰時財政操作中展現出制度彈性與合法性建構的優勢，也暴露出行政效率與政策風險的內部張力。透過宣傳、協商與責任分擔等路徑，這些制度試圖在危機中維持信任與動員力。戰爭時期的民主財政實踐，提供了關於效率與正當性的制度反思基礎。

第四節　軍事與民政支出的平衡挑戰

戰爭時期的國家預算安排往往以軍事優先為原則，然而民政領域如糧食、醫療、教育與交通等亦關乎社會穩定與後勤支援。如何在軍事急迫與民生需求之間找到平衡點，成為一戰中各國財政官員最棘手的挑戰之一。財政政策的每一次偏移，不僅影響戰力運作，更直接反映國家治理的倫理選擇與制度價值。

一、軍費擴張對民政預算的排擠效應

在德國與奧匈帝國,軍費占總預算比例在 1915 年後超過 80%,醫療、教育與地方建設支出遭到全面壓縮。即使是英國與法國等民主政體,亦出現類似趨勢,造成基層行政癱瘓與基礎服務品質下降。

二、糧食與交通資源的競合分配

鐵路系統與糧食配給本屬民政範疇,但戰時多被軍方徵用。德國後期甚至出現「軍隊糧車優先」政策,導致部分城市民眾數日無法取得糧食。類似情況亦發生於法國北部,民用資源讓位於前線補給,造成民怨激增。

三、醫療體系的戰爭再編

戰爭期間傷兵人數劇增,醫療系統資源被集中於戰地醫院與軍醫學院,地方醫院設備匱乏、藥品短缺。英國在 1916 年進行醫療體系重組,將部分民用機構納入軍事控制,雖提升效率,卻削弱社區醫療可近性。

第九章　戰時經濟倫理與政治決策難題

四、戰時教育與勞動政策的掣肘

財政緊縮導致公立學校停辦、師資不足，而年輕人口被大量徵召或投身工廠，導致教育體系萎縮。奧匈帝國出現十萬名學齡兒童失學現象，戰後數年內識字率明顯下降，社會長期代價沉重。

五、地方自治體的資源邊緣化

為集中戰時動員，中央政府收回地方財政權限，導致地方政府難以因應特定社區需求。德國漢堡、慕尼黑等城市在戰時曾試圖透過自籌資金維持基礎建設，但中央禁止地方發債，使基層施政更加困難。

六、政策優先排序與道德評判

軍事支出與民政投資在本質上難以等量比較，但決策者的排序仍反映其治理理念。例如美國即試圖在保障士兵後勤的同時維持最低民生標準，推動「每位士兵的背後有一座健康的社區」計畫，反映一種兼顧的政策哲學。

七、專家觀點：雙軌預算的倫理挑戰

政治經濟學者認為：「戰時預算的真正難題，在於軍政支出並非彼此對立，而是同時構成國家持續性的雙軌。」忽視任一軌道，終將反噬整體戰爭能力與社會穩定。

小結：資源競逐下的制度選擇壓力

軍事與民政支出的平衡，不只是技術問題，更是價值選擇的展現。當政府面對有限資源與多重壓力時，如何確保戰力不中斷且社會不崩潰，成為戰時財政規劃的核心課題。從一戰經驗可見，長期戰爭中，民政穩定即是軍事勝利的另一條戰線。

第五節
敵國經濟間諜與內部滲透的防堵困境

隨著戰爭進入總體戰階段，財政體系本身也成為戰略攻防的戰場之一。敵國不再僅以傳統諜報方式滲透軍事機密，更開始針對金融體系、預算結構、產業供應鏈與通訊基礎進行經濟性間諜活動。這些滲透行動對政府的財政穩定、政策制定與市場信心造成嚴重威脅。

第九章　戰時經濟倫理與政治決策難題

一、金融情報作為滲透第一線

德國、英國與法國均在戰時成立專門單位監控外匯市場與債券交易，防範敵國透過間接金融操作影響本國債券價格與貨幣信心。倫敦與柏林金融中心甚至出現雙面間諜在銀行與保險業中收集軍事物資進出與貿易流向。

二、進出口資料與軍需資訊外洩

許多敵國間諜透過偽裝成商業人員、報關行業者進入港口與報關署，收集武器材料、糧食與醫藥進口紀錄，進而推測戰爭準備規模。英國港務局於 1916 年查獲一批德籍商人以代理商身分連續掌握戰時儲備糧流量，引發政府加強對民間物流系統的審查權限。

三、中央銀行資訊安全的隱憂

中央銀行雖具高度保密制度，但部分國家如奧匈帝國與俄國，其內部紀錄與財報系統缺乏加密與審核流程，遭敵國間諜收買內部人員洩密。這些資訊外洩導致外界精準掌握其通膨趨勢與貨幣發行幅度，進一步削弱其國內外金融信任度。

四、戰時通訊與經濟諜報並行發展

隨著無線電與海底電纜普及,經濟情報與軍事情報日益交錯。協約國與同盟國均試圖截聽彼此之間的銀行通訊、國際結算訊號與大宗交易紀錄。法國於1917年即建立首座軍事—經濟通訊截聽站,專門解析金融代碼。

五、敵對財團與境內資金活動監控

戰時對敵資產凍結與外資監控機制逐步建立,但仍有大量跨國財團藉由中立國籍掩護在敵國營運。英美多次查獲德資公司透過瑞士與瑞典法人收購軍火與原料,再轉銷至戰場前線。這類「中立掩護型滲透」成為金融戰中的灰色地帶。

六、反間組織的法律與效能瓶頸

儘管各國紛紛建立反間機構,如英國的 MI5 與德國的戰地祕密警察(Geheime Feldpolizei),但其法律依據與監控手段在民主體制內屢遭挑戰,亦導致間諜調查與證據鏈常陷入失效狀態。許多嫌疑人最終以「國安不明」或「證據不足」結案。

第九章　戰時經濟倫理與政治決策難題

七、專家觀點：金融主權與制度防線的重構任務

現代國家安全專家指出，戰時經濟間諜行動突顯出傳統國防與財政管理之間的鴻溝。專家理察・施奈德（Richard Schneider）指出：「金融主權不只是經濟議題，而是戰爭中維繫國家整體韌性的關鍵。」制度防線的缺失，即為敵國滲透預留空間。

小結：財政體系的戰略安全脆弱點

第一次世界大戰中，敵國透過滲透財政體系進行經濟情報戰，已不僅僅是傳統間諜行動的延伸，更成為制度與主權的攻防場域。從金融監理、資料控管到法制調適，財政安全已成國家總體戰略不可或缺的一環。戰時財政若失其防禦韌性，戰爭全局亦將風雨飄搖。

第六節　政策失敗與政治問責機制的缺位

戰時財政政策經常在壓力下倉促成形，其中不乏決策失當、目標偏離或效果不彰的案例。然而，在高張力與集權化的戰時體制中，傳統的政治問責制度往往被邊緣化或凍結，導致決策者無需為錯誤負責，進而削弱制度信任與公共治理品質。

第六節　政策失敗與政治問責機制的缺位

一、臨時法令下的制度真空

多數交戰國在戰爭初期即頒布緊急預算法案,賦予財政部長與軍事單位極大裁量權,跳過國會審議程序。此舉雖可提升行政效率,卻也造成法律監督機制失靈,預算濫用與決策不當難以追溯問責。

二、資訊封鎖與政策評估缺口

由於軍事安全理由,政府常以機密名義封鎖財政資料,使得外部學界、媒體與監察單位無法及時評估政策效果。德國在1917年通過《財政資料保密條例》後,財政赤字數據僅向內閣公開,導致國內外市場對其財務狀況完全失去信心。

三、軍政結構交疊下的責任模糊

戰時財政往往與軍事部門密切交織,資金流向與資源調度難以區分主責單位。財政部官員多以「受命執行」為由推卸責任,而軍方則強調「前線需求優先」無暇審計。結果造成大量決策失誤難以釐清責任歸屬。

第九章　戰時經濟倫理與政治決策難題

四、戰時領袖免責文化的形成

在民族危機與輿論愛國氛圍下，政府領袖常享有高度免責空間。無論是物價控制失靈、糧食配給混亂或戰債發行失利，均被歸咎於「敵國壓力」或「客觀情勢」，決策者極少被質疑甚至辭職。

五、基層承辦的問責懸置

雖然基層財政官員需執行各項補貼、配給與稅收措施，但在制度失衡下，他們常成為第一線被追責對象。法國與奧匈出現大量承辦人因稅收短收、報表不符而遭調職甚至逮捕，卻無高層負起制度失靈之責。

六、戰後檢討機制的延宕與政治干預

許多國家雖於戰後成立「財政調查委員會」，但其調查範圍多受限於政治妥協與資料不足，最終僅具象徵性。例如德國戰後對 1915～1918 年間軍費超支的審計報告，僅有一頁摘要未附具名決策人員清單。

七、專家觀點：問責缺位對制度信任的侵蝕

政治倫理學者指出：「在戰爭結束後，一個國家的問責制度若未能追溯錯誤決策根源，將使社會對整體治理體系產生長期不信任。」制度信任一旦破裂，重建將耗時數十年。

小結：危機管理與責任倫理的斷裂地帶

戰時體制為決策提供高度靈活性，卻也伴隨責任制度的鬆動與問責機制的失效。當政策失誤缺乏制衡與檢討機制，治理系統便逐步喪失公信力。歷史經驗提醒我們，制度韌性不僅展現在動員力，更在於能否承認錯誤與修正錯誤的能力。

第七節　戰時經濟犯罪與制度空窗期

在高度緊急與集權化的戰爭體制下，常規經濟與法律制度被迫讓位於臨時性命令與例外狀態。這樣的制度鬆動，為戰時經濟犯罪提供滋長溫床。貪汙、黑市交易、軍火舞弊、財政浮報等行為頻繁發生，而官方往往因制度空窗與監理失能，無力即時偵查與懲處，導致國家財政資源遭到嚴重流失。

第九章　戰時經濟倫理與政治決策難題

一、黑市與價格違規的擴張性滲透

隨著民生物資短缺，黑市交易成為戰時經濟的隱性常態。糧票制度失靈後，許多物資如麵粉、糖、煤炭等皆透過地下管道交易，價格遠高於法定上限。德國與法國在 1916 年起即出現「雙重價格制度」，合法市場形同虛設。

二、軍需採購腐敗與利益交換

戰爭導致軍火、軍裝與補給品採購激增，使部分軍政人員與企業形成利益交換網絡。德國「興登堡計畫」期間，曾有軍工企業透過行賄獲取鉅額預算訂單，所提供商品品質低劣，導致前線抱怨不斷。

三、公共預算浮報與數據偽造

部分財政單位為爭取經費或延緩財政崩潰表象，出現預算浮報、支出重複核列等行為。奧匈帝國 1917 年一份審計報告指出，僅下半年軍費支出即有超過 18% 未經正規審核流程，帳面與實支相差甚遠。

四、外匯與貴金屬私運成風

戰爭爆發後，多國實施外匯與金銀出口管制，但管道漏洞頻繁。特別是德國與奧地利大量黃金與外幣遭私運至中立國如瑞士、瑞典，以換取現貨物資或儲備資產，國家儲備大量流失。

五、制度監理機構功能停滯

原本負責稅務、審計與貿易監督的行政單位因人力不足、軍方干預與政治壓力，職能大幅下降。德國聯邦審計局在1918年內部備忘中坦承「處理財政違規案件已非優先任務」。

六、戰後清算困境與司法負擔

戰後各國雖試圖追查戰時經濟犯罪，卻面臨證據湮滅、涉案人員升遷或離境等問題，造成清算成果有限。英國戰後專案檢察單位處理的 1,500 件軍需舞弊案中，僅有不足 10% 進入司法判決階段。

七、專家觀點：非常時期的倫理斷裂

經濟社會學者指出：「戰時制度的弱化與倫理規範的下沉，導致經濟犯罪不再被視為背叛，而是一種求生本能的合理化行為。」這種倫理斷裂對戰後社會規範重建造成長期陰影。

第九章　戰時經濟倫理與政治決策難題

小結：制度懸空中的灰色經濟戰場

戰時經濟犯罪的蔓延並非偶發，而是制度鬆動、監理失效與生存壓力共同作用的結果。在法律與市場雙重規範缺位下，灰色經濟迅速擴張，不僅侵蝕財政基礎，更削弱國家整體治理能量。歷史證實，任何戰時效率的獲得若以制度信用為代價，其後果終將反噬治理根基。

第八節
戰爭經濟是否必然違反常規財政原則？

戰爭經濟在實踐過程中，是否一定會違反和平時期所建立的常規財政原則，是長期以來政治經濟學者、財政倫理學者與制度史家爭論的焦點。此議題並非僅止於技術層面的收支配比與預算制度，而牽涉更深層的政治正當性、社會契約與治理信任結構。

一、例外狀態的常規化風險

部分學者如義大利政治思想家喬治・阿甘本（Giorgio Agamben）指出，戰爭將原本「例外」的緊急手段制度化，導致政府行為超越法律邊界。財政上表現為超額預算、無上限舉債與貨幣膨脹政策，逐漸脫離國會監督與審計制度的正規軌道。

第八節 戰爭經濟是否必然違反常規財政原則？

二、動員效率與財政透明性的衝突

另有觀點認為，戰爭動員需求本身與和平時期財政的審慎、穩定原則相衝突。正如德國歷史學家所言：「要在六週內動員一個帝國的經濟體系，本身即是違背審慎原則的工程。」效率成為戰時首要目標，犧牲透明與合規被視為「必要之惡」。

三、戰時財政倫理的彈性詮釋

部分財政倫理學者主張，財政原則本身應具備情境調整能力，戰時應容許更高程度的彈性與應變手段。英國財政史學者認為：「若將和平時期財政框架套用於戰爭情境，反而可能造成制度僵化與動員失敗。」

四、制度韌性的財政尺度辯證

戰爭經濟違反常規的程度，也取決於制度原有的韌性與調整能力。美國在一戰期間即透過「戰時財政應變法案」與國會特別預算機制，將例外操作納入法制框架中，避免制度性斷裂。而奧匈帝國則因制度僵化與語族分裂，無法建立合法與效率兼具的財政動員架構。

五、戰後制度反彈與財政規範回歸

即使在戰時違反原則,多數國家在戰後仍努力恢復制度秩序與正規財政框架。德國威瑪共和國初期即試圖重建貨幣制度與國會預算程序,英國則於 1920 年代實施「和平預算整頓法」,象徵財政正當性與責任意識的重建努力。

六、現代觀點的政策啟示

現代政策研究者認為,關鍵不在於戰爭是否違反財政原則,而在於制度是否設計出「可控的例外」。戰時可容許非常措施,但應設有時限、監督機制與回歸常軌的程序。否則,戰爭將成為財政恣意與制度腐蝕的起點。

七、專家綜合觀點:原則與情境之間的治理藝術

財政哲學專家總結指出:「戰爭不必然違反財政原則,但若缺乏制度規劃與倫理自覺,財政將成為破壞國家根基的利器。原則與情境之間的平衡,才是戰時治理的真正挑戰。」

小結:例外治理與原則回歸的辯證關係

戰爭固然強迫國家偏離既有財政規範,但是否違反原則,取決於制度設計與治理意志。戰時例外應是有限的、受監督的、可反轉的。唯有如此,國家才能在危機中保留制度正當性的火種,為戰後重建奠定信任與責任的根基。

第九章 戰時經濟倫理與政治決策難題

第十章
赫弗里希的政治轉型與歷史評價

HEFRRICH'S POLITICAL TRANSITION AND LEGACY

第十章　赫弗里希的政治轉型與歷史評價

第一節　財政官僚到政黨人物的轉變

卡爾‧赫弗里希的政治轉向，不僅代表著他個人的職涯轉折，更是德國戰後體制動盪中的縮影。從戰時擔任帝國財政部長的官僚角色，到進入威瑪共和體制下的政黨政治，赫弗里希的轉變反映出專業菁英如何在制度瓦解後尋求新的發聲空間與政策主導權。

一、從財政幕僚走上政治前臺

赫弗里希在戰時因應極端財政需求，以穩健與審慎見長，成為少數具備制度操控力的核心官員。戰後政治秩序重組，他選擇不留於官僚體系，而是投入德國人民黨，轉身為黨內主要經濟政策發言人，表現出從技術型治理者走向公共政治角色的歷史意志。

二、專業知識作為政治資本

不同於傳統政治人物仰賴群眾動員，赫弗里希以其財政專業為主要政治武器。無論在威瑪憲法初期的貨幣穩定辯論，或是國際賠款談判，他皆提出精密的財政計算與邏輯論述，嘗試將理性政策轉化為政黨平臺的核心訴求。

三、制度斷裂下的角色轉換契機

戰敗與皇室崩潰後，德國原有的行政官僚體制陷入功能性解構。赫弗里希與其他中層官員紛紛轉向議會與政黨，嘗試在新的政治制度中保存舊體制的專業價值。他在德國人民黨的崛起，即是此一「官轉政」浪潮中的代表人物。

四、面對群眾政治的適應與掙扎

儘管具備強大專業能力，赫弗里希在面對日益高漲的群眾運動與輿論壓力時，常表現出不適應。他傾向以理性與計算應對複雜政治賽局，對於工人階級的社會性訴求與媒體化政治風格則相對遲鈍，限制了其在群眾民主中的動員力道。

五、政黨內部的策略聯盟與失衡

作為德國人民黨內的技術派代表，赫弗里希與右翼民族主義者與工商資本派形成鬆散聯盟。然而在通貨改革與財政均衡政策上，其主張往往無法獲得多數支持，顯示即使身居高位，政治專業者也難以主導政黨內部多元意識形態的協商。

第十章 赫弗里希的政治轉型與歷史評價

六、與政策現實的落差對撞

　　赫弗里希試圖推動更嚴格的預算紀律與制度化支出控制，但在經濟崩潰與社會失業浪潮下，實際政策操作被迫妥協。他一度主張停止大規模賠款支付以穩定國內財政，卻因外交壓力與內閣妥協而讓步，展現政治現實對專業理想的反向形塑。

七、專家觀點：官僚政治角色的典型樣貌

　　政治史學者評價赫弗里希道：「他代表了制度性知識分子試圖主導政治的最後一波浪潮，但群眾化、媒體化與衝突化的政治現實，令他的話語空間日漸式微。」此種評價說明赫弗里希在轉型期政治中的邊緣化過程，並突顯其作為過渡型政治人物的歷史意義。

小結：從治理專才到政治中介者的過渡歷程

　　赫弗里希的角色轉變不僅展現在職稱更替，更深刻展現在他如何將戰時累積的財政治理經驗轉化為政黨話語的一部分。他的歷程展現出政治與專業如何在制度更替的裂縫中彼此借力、彼此牽制，也揭示德國在民主初建時期，專業政治角色所面臨的機遇與困境。

第二節　赫弗里希與德國人民黨的興衰

　　卡爾・赫弗里希在第一次世界大戰結束後選擇加入德國人民黨（Deutsche Volkspartei），這一政治選擇代表著他從技術官僚轉型為政黨人物的全面實踐。然而，隨著威瑪共和的政治波動與社會變遷，赫弗里希與其所屬政黨的命運也顯示出理性派政治人物與群眾民主之間的張力。

一、德國人民黨的起源與政策主張

　　德國人民黨由戰前的國家自由黨轉型而來，主張保護私有產權、推動自由經濟與有限政府干預。在左派與右翼勢力對立日益加劇的政治光譜中，赫弗里希帶領政黨定位為自由保守派，希望穩定中產階級支持，並對抗社會主義擴張與極右民族主義。

二、赫弗里希的黨內領導風格

　　作為財經政策權威，赫弗里希在黨內獲得一定尊重，但他的學者式領導風格與缺乏選舉群眾基礎，限制了其在黨內外的號召力。他習慣在政策會議與報章論壇發表言論，而不擅長街頭動員與群體政治協商，反映技術官僚介入政黨政治的結構性困境。

第十章　赫弗里希的政治轉型與歷史評價

三、與威瑪體制之間的互動關係

在威瑪共和初期，德國人民黨曾與中右翼聯盟共同組閣，赫弗里希亦於 1920 年擔任副總理與經濟政策指導委員會主席。他主張維護中央銀行獨立與通膨控制，並推動國有資產私有化政策。但這些政策在左派與工會的抵制下效果有限，政治推力逐漸衰弱。

四、政黨支持基礎的區域局限

德國人民黨的主要支持來自大城市的工商階層與部分中產知識分子，對農村、工人階級與東部選區的吸引力不足。赫弗里希雖試圖透過改革貿易政策與降低消費稅改善形象，卻始終無法打破政黨社會基礎的局限。

五、對極右勢力的態度與誤判

赫弗里希對納粹黨與右翼民族主義持批判立場，認為其破壞法治與貨幣穩定的政策主張將導致國家災難。然而，他過度信賴制度框架對極端勢力的牽制力，未能預見納粹在選舉與輿論場的迅速崛起，導致人民黨在 1930 年代初選舉中逐步邊緣化。

六、德國人民黨的衰退與結束

隨著政治極化加劇與經濟危機深化,德國人民黨在 1932 年後逐漸失去國會席次與政治影響力。赫弗里希雖仍嘗試透過出版與演說維持論述空間,但政黨本身已難再成為中道力量的代表,最終於 1933 年納粹掌權後被迫解散。

七、專家觀點:理性政黨的制度局限

政治學者認為:「德國人民黨的興衰,說明了以技術理性為核心的政黨若缺乏群眾動員能力與文化敘事,終將在情感政治中失去發聲位置。」赫弗里希與其政黨正好成為此種歷史命題的驗證者。

小結:專業理性與群眾政治的交錯試煉

赫弗里希在德國人民黨的實踐過程,揭示制度轉型期中產政黨的局限與張力。他試圖以經濟專業與政策理性引導共和國政治方向,卻在缺乏大眾動員與文化訴求下被邊緣化。他與人民黨的歷史經驗,成為理解戰間期德國中間派政治困境的關鍵案例。

第十章　赫弗里希的政治轉型與歷史評價

第三節　賠款談判中的政治角色與爭議

在戰後德國面臨龐大賠款壓力的背景下，卡爾‧赫弗里希作為財政專家與政黨領袖，積極參與多場國際賠款談判。他在這一過程中所扮演的角色，兼具制度調和者與民族利益代言人雙重定位，卻也因此捲入多重政治爭議與國內外觀點分歧。

一、從專家顧問到外交談判參與者

赫弗里希在 1920 年後多次參與與協約國的賠款協商，特別是倫敦會議與後續的國際結算機構設置。他以財政結構為基礎，主張德國應以實際償付能力為準，反對英法方面提出的固定總額賠償方案，並試圖藉由專業計算爭取彈性時程與貨幣選項。

二、政策主張與民族情緒的拉扯

赫弗里希的立場在理性上具備一致性，但在民族主義情緒高漲的德國社會，這種「理性對話」姿態易被誤解為妥協或軟弱。部分右翼媒體稱他為「條約屈從派」，指責其過度考量國際評價而忽略民族尊嚴。

三、與國會與內閣之間的矛盾

赫弗里希在國會中屢次提出漸進式賠償模型與金本位換算方式,但往往與主流執政聯盟在戰略節奏上產生歧見。其主張被部分內閣成員認為過於技術官僚導向,缺乏政治彈性,最終在 1921 年倫敦賠款協議中被邊緣化。

四、倫敦會議與「反抗策略」之爭

在 1921 年倫敦會議中,赫弗里希主張對於英法提出的固定賠款與強制性監督應提出制度化緩衝機制,但遭英國首相大衛・勞合・喬治與法國總理阿里斯蒂德・白里安否決。之後部分德國政治人物轉向「被動對抗」策略,赫弗里希卻仍堅持「參與式修正」路線,因而與其政黨內部及聯盟夥伴產生裂痕。

五、媒體論戰與形象受損

其賠款談判角色受到右翼媒體激烈批判,尤其《人民觀察報》與《德意志戰線》多次刊登社論批其為「外國財團的翻譯員」、「人民負擔的粉飾師」,這些輿論攻擊使赫弗里希在德國民眾心中形象受損,對其政治未來造成重大陰影。

第十章　赫弗里希的政治轉型與歷史評價

六、外交層面的專業評價

儘管國內爭議不斷，協約國談判代表與國際媒體多對赫弗里希表示肯定，認為其財政論證清晰、論述風格嚴謹，是德國少數能以理性語言溝通賠款制度改革的政治人物。英國《泰晤士報》評論稱：「赫弗里希不是政治家，但他是值得被尊重的談判對手。」

七、專家觀點：制度正當性與政治代價的交換

政治經濟學者指出：「赫弗里希試圖用理性彌合戰敗創傷，但在情緒政治浪潮中，制度論證往往難以換得民意支持。他的談判策略雖具長期正當性，卻在短期中付出巨大的政治成本。」

小結：制度修補者在民族傷痕下的孤立路徑

赫弗里希在賠款談判中的作為，顯示出他堅持專業理性與制度對話的立場。然而，在戰後德國社會高度情緒化與政治兩極化的氛圍中，他所代表的溫和修正路線難以凝聚政治共識。其談判角色最終未能化解危機，卻為日後制度改革奠定論述基礎，也折射出制度性專業人物在歷史劇變中的脆弱與堅持。

第四節　對威瑪財政改革的影響評估

　　卡爾·赫弗里希雖未在威瑪共和中後期直接掌握財政大權，但其早年推動的財政原則與理念，對後續德國的預算機制、貨幣政策與財政責任結構具有深遠影響。他是少數能夠從戰時經濟體制邁向民主財政制度建構過程中，持續發聲並提出具體政策模型的專業型人物。

一、貨幣穩定理念的持續傳承

　　赫弗里希堅持通貨穩定與控制通膨的觀點，在 1923 年德國經歷惡性通膨後獲得印證。他在 1920 年即主張中央銀行應維持法幣發行獨立性，並提出貨幣發行上限制度原型，成為日後「租馬克改革」與萊斯銀行制度重整的重要思想資源。

二、財政審慎原則對預算法規的啟發

　　赫弗里希重視預算紀律與赤字控制，反對將賠款壓力簡化為增稅或印鈔因應。他倡導「財政透明與國會預算復權」原則，為威瑪政府在 1924 年制定《預算法》與審計制度提供參考模式，間接促成國會財政委員會制度化。

第十章　赫弗里希的政治轉型與歷史評價

三、對企業課稅與資本調節的保守取向

赫弗里希認為戰後應避免對工業資本過度課稅，主張逐步恢復市場自主與稅制簡化。他反對以重稅壓制通膨，強調稅制應維持生產誘因與企業信心。雖此立場在左翼與社會黨內部引起反彈，但其學理與制度建議仍影響 1925 年稅法簡化方案。

四、政府財政資訊公開與社會信任建構

赫弗里希提出「預算不是國家秘密，而是國民契約的一部分」觀點，主張公開稅收來源、支出去向與赤字結構。他的這套資訊透明論述，對威瑪時期公共財政說明書的編撰制度與財政簡報慣例化產生關鍵推動力。

五、危機治理下的制度邏輯爭議

儘管赫弗里希具備強烈制度觀，然而在 1929 年世界經濟危機爆發後，他主張以緊縮政策應對赤字與市場恐慌，遭遇包括中央銀行與社會各界的質疑。部分批評者指出其主張過度拘泥財政原教旨主義，缺乏宏觀調節與公共刺激措施的彈性。

六、對威瑪貨幣改革制度設計的影響

赫弗里希在威瑪中期提出多項有關金本位復歸、租馬克轉換比率與償債基金設計的建議，部分被納入 1924 年「道斯計畫」後的實際改革藍圖。他亦參與《國家貨幣穩定研究報告》撰寫，影響當時財政與金融界對穩定性優先順序的共識形成。

七、專家觀點：技術性遺產與制度建構的縱深影響

財政史學者指出：「赫弗里希是威瑪時期制度建構最被低估的人物之一。他的制度語言不具煽動性，但其主張深植於後來德國財政技術規則與預算設計邏輯中。」

小結：從政策語言到制度規範的中介者

赫弗里希雖未主導威瑪共和後期重大財政計畫，但其對財政紀律、貨幣穩定與制度透明的堅持，深刻影響德國中期財政規範。作為財政制度設計的知識傳遞者與公共論述的中介者，他的角色成為德國從戰時動員體制過渡到共和治理制度的關鍵橋梁。

第十章　赫弗里希的政治轉型與歷史評價

第五節　與希特勒的政治立場交錯

雖然卡爾·赫弗里希早於希特勒掌權前便辭世（1924年），但兩人在戰間期德國的思想與政治立場上，確實展現了某種歷史性的交錯與對比。作為保守自由派的財政思想家，赫弗里希堅持法治與財政紀律；而希特勒代表的極右民粹路線則主張以強人政治與動員手段突破既有制度。在民族主義氛圍高漲、制度信任危機加深的背景下，兩人的立場對比呈現出德國政治裂解的縮影。

一、對凡爾賽條約的共同反感

赫弗里希與希特勒都對《凡爾賽條約》的苛刻賠償條款深感不滿，認為其嚴重壓迫德國經濟主權與國家尊嚴。然而，赫弗里希主張透過國際談判、經濟事實證明賠款不可持續，以穩健方式修正條約內容；相對地，希特勒則以激烈言論與民族仇恨動員群眾，將該條約作為推翻魏瑪共和的政治工具。

二、對國家制度的根本認知差異

赫弗里希身為帝國晚期的重要財政官僚，即便政治立場保守，仍堅守代議制度與法律秩序，主張改革應透過制度內程序逐步推動。而希特勒則以政黨動員與非制度手段（包括

暴力與恐嚇）試圖奪取國家權力，對制度缺乏基本尊重，視其為實現權力的手段。

三、貨幣穩定與國家干預的歧見

赫弗里希在戰後通膨危機期間曾強力主張貨幣穩定與財政緊縮政策，反對濫發貨幣與赤字擴張。希特勒日後雖也聲稱維持經濟秩序，但其實行的公共支出、軍事投資與國家干預政策與赫弗里希一貫主張背道而馳。兩人對「國家角色」的定義，正展現出技術官僚理性與極端動員政治的根本分歧。

四、對社會整合方式的相反思維

赫弗里希所理解的社會整合，需仰賴稅收正義、制度效率與法律信任；而希特勒則訴諸排他性民族主義、群眾情緒動員與替代性歷史敘事。這使得希特勒能在社會動盪時迅速凝聚政治力量，而赫弗里希式的理性建設則顯得力有未逮。

五、思想交錯中的歷史啟示

雖然赫弗里希無法與希特勒在現實政治中交鋒，但若對比兩人的思想軌跡，可見戰間期德國的制度守成者如何在政治極端化中失勢。保守自由派對程序正當與財政規範的信仰，最終無力對抗社會期待與政治煽動間的張力。

第十章　赫弗里希的政治轉型與歷史評價

六、專家觀點：理性保守主義的歷史破局

政治史學者指出：「赫弗里希的政治選擇揭示保守派在威權誘惑與制度堅持之間的困境。他所代表的是一條理性但難以感召群眾的治理路徑，在極端化時代自然遭到邊緣。」

小結：制度守門人與動員領袖的歷史分界

赫弗里希與希特勒的思想對比，展現了德國在制度秩序與群眾政治之間的分裂。赫弗里希雖身處戰敗與通膨的歷史低谷，仍嘗試以財政與制度原則挽回國家信任；希特勒則運用憤怒與幻想建構新的政治現實。兩人交錯的歷史軌跡提醒世人：當制度信仰遭遇極端動員，理性之聲常常先被噤聲，後被遺忘。

第六節　晚年思想與對戰爭經濟的反思

卡爾・赫弗里希在第一次世界大戰結束後雖然短暫活躍於政治與外交領域，但自 1920 年代初期起逐步淡出決策核心，直至 1924 年逝世。在生命的最後幾年，他致力於透過文章、演說與學術寫作，總結自身在戰時財政制度中的經驗與教訓，並對德國未來的財政與制度發展提出警示與期望。

第六節 晚年思想與對戰爭經濟的反思

一、從戰時官僚轉向制度評論者

戰後的赫弗里希不再僅是決策參與者，而是轉為深刻反思的制度批評者。他不僅檢視戰時德國財政體系的崩潰，更開始從結構角度分析制度失靈的根源，認為「制度非為戰爭服務，而應為和平打底」。

二、對貨幣與預算失控的警告

赫弗里希是德國金本位制度的堅定擁護者。他反覆強調戰時的惡性通膨是國家違背財政紀律與貨幣原則的惡果。他主張：「任何基於政治妥協而掩蓋財政真相的政策，最終都將以民眾對制度的全面不信任作為代價。」

三、對財政與民主正當性的關聯思考

赫弗里希認為，財政透明是民主制度運作的基石。他批評戰時國家繞過議會、大規模舉債與發行公債的做法，認為這種「財政專斷」雖在短期內提高效率，卻從根本上侵蝕了德國民眾對法治與議會制的信賴。

第十章　赫弗里希的政治轉型與歷史評價

四、拒絕以動員為名的制度破壞

對於許多主張強力國家干預、以戰爭動員重建經濟者，赫弗里希持保留甚至否定態度。他認為制度不該被「效率」與「民族生存」這類口號所吞噬。他在一次演講中指出：「財政政策若不回歸原則，只會讓國家看似強大，實則空心。」

五、對新秩序的有限希望與憂慮

在 1924 年逝世前不久，赫弗里希曾撰文對魏瑪共和的財政體制改革表示肯定，特別是對穩定幣制與償還賠款的制度努力表達支持。然而他也指出，若無政治上的持久共識與民意支持，任何改革都將淪為紙上談兵。

六、專家觀點：歷史中的制度預言者

財政思想史學者評價赫弗里希晚年思想時指出：「他並非改革者，也不是革命者，而是一位制度的預言者。他看見財政背後的倫理與治理張力，並為戰後德國提供了一種平衡效率與正當性的治理視角。」

小結:從制度參與者到歷史見證者

赫弗里希雖未能親眼見證德國走出戰後混亂,但他以理性保守派的身分,留下對戰爭經濟與制度崩壞的清醒觀察。他的晚年思想不帶煽情,而是對國家治理與財政紀律的誠摯提醒。對後人而言,他不僅是時代的政策執行者,更是制度反省的預言者。

第七節
評價的分歧:學術界與政界的觀點交錯

卡爾・赫弗里希的歷史定位在德國政經史上向來爭議不斷。不同的評價來自於他在戰時的技術官僚角色、戰後的政黨參與,以及對國家制度與經濟倫理的堅持。學術界與政界對其貢獻與局限的看法,正展現出政治現實與制度理念之間的張力。

一、學術界對其制度論述的高度評價

在歷史與財政學術領域,赫弗里希的制度思考與財政理念被視為德國財政體制近代化的前驅。他倡議財政透明、貨幣穩定與法制化預算,為後來西德財政紀律與中央銀行獨立奠定理論基礎。部分學者甚至稱他為「德國財政倫理化的開創者」。

第十章　赫弗里希的政治轉型與歷史評價

二、政界對其政治作為的現實批評

相對於學界讚譽，政界對赫弗里希的評價更趨兩極。在威瑪時期，他被右翼認為過度妥協、缺乏民族精神；而左派則批評他太過保守、無視社會改革。作為德國人民黨的要角，他雖提出多項財政提案，但往往難以獲得議會多數支持，政治影響力始終有限。

三、保守派與自由派的認知落差

保守派知識分子視赫弗里希為制度捍衛者，他堅守財政穩定與憲政原則，堪稱抵抗極端主義的最後防線；自由派則指出他過於依賴精英政治與經濟理性，對群眾情緒與社會變遷的反應遲緩，無法在民意主導的政黨體制中站穩腳步。

四、戰後重建菁英的借鏡與修正

1940 年代末期西德重建時期，赫弗里希的著作被財政與金融界重讀，他的制度性觀點影響了西德的預算法律、中央銀行自主性及通貨穩定政策。不過新一代政策制定者在引用其理念時，也嘗試調整其對市場自律與國家角色的過度理想化觀點。

五、歷史評價中的冷靜與感性落差

赫弗里希的形象因缺乏政治激情與大眾動員力,常被視為一位「冷靜的失敗者」。儘管在制度論述上高度清晰,但其政治風格缺乏情感感染力,也未能有效轉化為政治資源。這也使得其歷史評價在專業與群眾層面產生明顯斷裂。

六、與同時代人物的比較視角

相較於同時代如施特雷澤曼或布呂寧等政治人物,赫弗里希在財政治理上的貢獻較為長線,缺乏戲劇性政治成就,但其制度提案更具可持續性。政治史家指出:「若以短期政治表現衡量,赫弗里希屬於邊緣人物;若以制度穩定性為尺度,他的分量不容忽視。」

七、專家觀點:制度政治者的孤獨身影

歷史學者總結指出:「赫弗里希代表的是制度型政治人物的經典範型,他以論述、文件與數據做為主要政治工具,在情緒驅動的時代,這種政治角色注定被邊緣化,卻也為制度記憶留下不可忽視的印記。」

第十章　赫弗里希的政治轉型與歷史評價

小結：在歷史縱深中尋求制度理性的定錨

赫弗里希的評價分歧，正說明一位制度派人物如何在歷史浪潮中既具建構力又顯局限。他的貢獻多在制度內部運作層面，難以轉化為政黨領袖的外部動員力。然而，正是這份冷靜與一貫，使他成為理解威瑪制度政治與財政理念演進過程中不可忽視的觀察節點。

第八節　歷史角色的經濟足跡與政治迴響

對卡爾・赫弗里希的歷史評價，不僅是對一位財政技術官僚的回顧，也是一場關於經濟制度演進與政治倫理界線的集體反思。自 20 世紀中葉以來，許多政治經濟與思想史學者重新檢視赫弗里希的角色，將他視為一種「轉型時代的制度楷模」，其貢獻雖非顯赫，卻具備深遠結構影響力。

一、技術理性與國家治理的先驅者

政治思想家指出：「赫弗里希的治理理念展現了以技術理性回應社會危機的德國傳統。他不是群眾政治的領袖，而是官僚治理文化的代言者。」這種觀點強調赫弗里希以數據、預算規律與制度設計取代情緒動員，開創一種超越意識形態的治理實驗。

二、制度倫理的長期種子

在財政與憲政研究領域，赫弗里希被視為德國制度倫理種子的播種者。他在 1920 年代提出預算公開、貨幣穩定與財政責任三大原則，雖一時未被廣泛接納，但於二戰後西德復興期卻深深影響中央銀行與預算設計邏輯。

三、政策現實與制度理想的衝突典型

赫弗里希一方面堅守制度信念，另一方面卻無法有效影響議會或群眾政治。這種理想與現實的拉扯，使赫弗里希成為戰間期技術政治者困境的代表性個案。

四、財政記憶中的核心節點

在歐洲公共財政史研究中，赫弗里希逐漸被重新納入制度發展脈絡。無論是在惡性通膨治理、預算機制建構、中央銀行自主性設計等議題上，他的論述與主張皆成為後來制度安排的先聲。

五、對戰爭經濟的反思影響新世代

赫弗里希晚年對戰爭經濟的批判性評論，在戰後德國學界產生深遠影響。他主張財政不能淪為戰略操作的附屬品，

應維持公共信託與長期穩定。這一論述成為1960年代德國財政史研究轉向倫理與制度分析的重要引導。

六、制度建構的道德與政治辯證

制度經濟學者綜合指出：「赫弗里希的特殊價值，不在於他的法案數量或行政地位，而在於他在動盪時代對制度正當性與公共責任的持續召喚。」這種倫理與制度交織的政治哲學，使他在德國制度發展史中占有特殊位置。

七、結語觀點：歷史中的制度反思者

綜合上述觀點，赫弗里希的歷史角色不再只是戰時財政部長或失敗政客，而是一位歷史中的制度反思者。他將技術經驗轉化為公共知識，並為後代提供面對危機與重建秩序的智識資本，其經濟足跡與政治迴響正逐步被後世學界重新認識與肯定。

小結：從沉默實務者到制度記憶的象徵身影

赫弗里希的歷史角色重構過程，顯示制度人物在劇烈變局中的特殊價值。他雖缺乏領袖式的政治魅力，卻以持續制度耕耘與公共思考，為德國在戰爭與復興交界處留下深刻的制度軌跡。他是德國財政思想地景中無法忽略的經濟足跡與政治迴響。

第十一章
戰爭經濟的制度演化與當代影響

第十一章 戰爭經濟的制度演化與當代影響

第一節 二戰前財政學者的吸取教訓

第一次世界大戰後的歐洲，經歷了惡性通貨膨脹、財政崩潰與社會秩序的劇烈震盪，財政與經濟學者因此重新檢討戰時經濟政策所引發的結構性後果。在此背景下，一種以財政制度穩定與貨幣紀律為核心的學術思潮逐漸成形，為日後的政策制定與國際合作提供了理論與制度藍本。

一、對戰時財政放縱的結構性反省

戰時政府大量發行公債、依賴中央銀行融資的作法，在戰後普遍被視為導致惡性通膨與財政失衡的主因。英國經濟學家如亞瑟・皮古（Arthur Pigou）與瑞典經濟學家貢納爾・穆達爾（Gunnar Myrdal）紛紛指出，若戰時動員未與長期稅收改革相結合，將破壞社會信任基礎與代議制度的財政責任。

二、凱因斯對戰後處置方案的警示

約翰・梅納德・凱因斯（John Maynard Keynes）在其名著《凡爾賽和約的經濟後果》（*The Economic Consequences of the Peace*, 1919）中，批評凡爾賽條約對德國的賠款要求過於苛刻，並預言將導致經濟動盪與極端政治勢力抬頭。他主張和

平建設須以經濟可行性與制度合作為基礎，成為戰後財政倫理的重要指標。

三、財政制度正當性的重要性

　　財政學者逐漸認知，戰爭經濟若未經國會授權與社會共識將迅速削弱制度正當性。歐洲各國學界因而開始強調「預算透明」、「赤字控制」與「貨幣獨立」三項原則，作為和平時期制度復原的起點。這些理念也影響1920年代歐洲若干民主國家財政改革，如瑞典與比利時的預算法制度更新。

四、制度設計與社會穩定之關聯

　　從學術轉向制度設計的學者如阿道夫・華格納（Adolph Wagner）與威廉・貝佛里奇（William Beveridge）皆主張，穩定的財政機制是社會福利、貧富重分配與國家統合的基礎。特別是戰爭後國家與公民間的財政契約，若未重新建構，將使社會信任與政治穩定遭受持續侵蝕。

五、戰爭與貨幣制度的理論重整

　　戰後貨幣理論也受到深刻影響。前古典學派信仰的金本位制遭遇廣泛質疑，許多學者如弗里德利希・海耶克（Friedrich Hayek）與路德維希・馮・米塞斯（Ludwig von Mises）提出

第十一章　戰爭經濟的制度演化與當代影響

新貨幣理論，強調貨幣應具自治性、不可成為國家意志的延伸，以避免戰爭財政對通膨與信用造成長期傷害。

六、跨國合作思維的初步成形

財政學界在一戰後也逐漸萌發對「財政多邊合作」的關注。1920 年代國際聯盟雖未能建立強而有力的財政治理機構，但其技術委員會與學術聯絡機制為後來國際貨幣基金（IMF）與世界銀行的誕生鋪路，展現出制度學者對全球性經濟穩定架構的前瞻想像。

七、專家觀點：制度教訓與現代財政學的起點

財政思想史學者指出：「戰爭與財政制度的碰撞，催生了現代財政學的倫理意識與預算哲學。」學者認為，正是透過戰後對制度破壞的集體反思，我們才真正明白民主治理與財政透明不可分離的制度性本質。

小結：從廢墟中重建財政理性

第一次世界大戰後，歐洲的財政學界從戰時經濟的混亂與制度崩壞中汲取深刻教訓。無論是對貨幣放縱的批判、對財政正當性的追求，還是對跨國合作的初步構想，都顯示出一場災難如何推動制度與思想的轉型。這不僅為後續的經濟

治理奠定理論基礎，也象徵著現代財政學在民主與透明原則下的誕生起點。

第二節
二戰美國「戰爭生產委員會」制度參考

在第二次世界大戰全面爆發後，美國面對全球規模的軍事衝突與經濟動員挑戰，迅速建立起「戰爭生產委員會」（War Production Board, WPB）作為戰時產業管理的核心機構。該機構在制度設計、產業分配與資源重整方面提供了高度協調的行政體系，成為戰爭經濟實務操作與現代國家治理能力的重要範例。

一、戰爭生產委員會的成立背景與制度設計

戰爭生產委員會成立於 1942 年，由羅斯福總統親自任命主管，並賦予其全面監管軍需生產與資源分配的法定權限。其制度設計包含「產業命令線」、「價格與配額控制」與「勞動力轉調」三大功能模組，實現軍事目標與經濟穩定之間的平衡。

第十一章 戰爭經濟的制度演化與當代影響

二、產業動員與生產目標的制式化

WPB 不僅負責軍工企業的產量設定，亦對民用產業進行轉型安排，如汽車廠轉為戰車製造、家電業改造為無線電與雷達供應鏈。其制式化的產業指導模式，使美國在短時間內完成兵工產值的大規模擴張，並保留有限民需生產以防民生危機。

三、價格與原物料的全面控管

委員會對鋼鐵、橡膠、鋁等關鍵原料進行集中調度與價格凍結，防止因需求暴增引發市場投機。這種控價機制在制度上採行「雙層審批」制度，讓業界參與定價過程，同時強化政府審核，平衡市場誘因與國家目標之間的制度張力。

四、與軍方與企業的跨部門協商

WPB 建立多層級的協商平臺，包含「產業諮詢小組」與「軍需協調小組」，使軍方需求、企業能力與政府規劃三方得以對話與妥協。這種制度性協商體制為戰後公共行政學提供了協同治理的經典模式。

五、勞動力轉移與社會動員政策

面對大量徵兵與人力轉調壓力,WPB 推動「生產線就業替補制度」,鼓勵女性、退役者與少數族群進入戰時產業,並設立臨時培訓中心與激勵政策。此一策略除解決勞力短缺,也在制度層面促進了社會結構的多元轉型。

六、後續制度影響與現代啟示

WPB 的制度經驗被戰後許多國家借鏡,尤其在應對大規模危機時建立臨時機構以整合資源與強化指揮鏈。美國自身也於韓戰與冷戰初期延伸此一模式,如「國防生產署」(Defense Production Administration),成為軍工與行政協調機制的延續。

七、專家觀點:協同治理的戰時制度典範

公共政策學者指出:「戰爭生產委員會是行政國家高效整合與目標一致性的縮影,其制度設計代表了現代國家在極端壓力下的治理能力極限。」此一觀點強調制度不僅應對當下,亦成為未來政策機構的設計模板。

第十一章 戰爭經濟的制度演化與當代影響

小結：從戰時應急到行政制度創新的連續體

戰爭生產委員會的經驗證明，戰時制度並非短期權宜，而可成為行政創新與治理模型的原型。其結構設計與政策整合能力，為戰後公共管理提供了制度藍圖，也揭示出戰爭經濟如何塑造國家治理體系的長期演化。

第三節　戰後軍事工業複合體的興起

第二次世界大戰結束後，美國進入冷戰時期，戰爭經濟的制度元素並未隨戰事終結而退場，反而以「軍事工業複合體」的形式制度化。這一結構不僅形塑美國的國防財政模式，也深刻影響全球軍事資源分配與政策決策過程。

一、軍事工業複合體的概念來源與演變

「軍事工業複合體」（Military-Industrial Complex）一詞由艾森豪總統於 1961 年卸任演說中正式提出，意在警告國家需謹慎面對軍事機構、國防承包商與國會之間的資源與權力交織。他指出，這種結構可能形成「常備軍事資本」對民主治理的結構性干擾。

二、結構特徵：制度化的資源分配聯盟

軍事工業複合體的核心特徵包括長期預算安排、軍事研發投資穩定性與立法部門的預算審議常態化。國會、國防部與私部門承包商形成政策循環與資金流動機制，使得軍事支出成為經濟刺激、地方就業與科技發展的複合驅動器。

三、產業分布與區域經濟綁定

在美國各州的軍工產業布局中，許多大型國防承包商如洛克希德‧馬丁、雷神技術等在特定區域設有大量設施與供應鏈節點，這種分布使得國防預算具備高度政治敏感性，亦強化了地方對軍事資源的依賴。

四、科技創新與軍民融合的雙面性

軍事工業複合體也催生了許多關鍵科技突破，如 GPS、網際網路、半導體製程等皆源於軍方投資。然其導致軍事技術優先性過度擴張與基礎研究資源排擠，亦引發科學界與政策學界的資源分配倫理辯論。

第十一章　戰爭經濟的制度演化與當代影響

五、預算慣性與制度性擴張風險

軍事支出一旦制度化，易產生預算慣性，即使面臨和平或衝突降溫時期仍難以大幅削減。預算評估機構指出，美國軍費長期維持於 GDP 的 3%～5% 之間，形成一種政治難以撼動的支出結構，妨礙其他公共政策領域如醫療、教育與基礎建設的預算爭取。

六、國際影響與模仿擴散現象

美國軍事工業複合體的制度模式不僅內化於其國防政策，也成為其他國家學習與模仿對象。蘇聯、以色列、韓國與近年崛起的中國大陸，皆試圖建立以軍需拉動科技與產業升級的制度網絡，擴大戰略自主性。

七、專家觀點：從國防邏輯到國家治理的延伸命題

政治經濟學者認為：「軍事工業複合體的存在提醒我們，戰爭經濟從未真正離開，它只是轉化為制度性資源治理的延續機制。」學者指出，在缺乏民主監督與透明審計機制的前提下，軍工結構可能侵蝕公共決策的公共性與正當性。

小結：從戰爭動員體制到和平時期的制度固化

軍事工業複合體的興起表明，戰爭經濟的制度遺產不僅未消散，反而成為國家預算體系、區域經濟與科技發展邏輯的一部分。這種制度固化現象在民主治理架構中產生雙面影響，一方面維持戰略穩定與創新能量，一方面也挑戰預算彈性與公共治理的倫理邊界。

第四節　國防預算與科技創新的連動關係

在現代國家治理架構中，國防預算與科技創新之間形成了高度交織的結構關係。此一連動不僅源自戰時研發的需求，也反映國家在和平時期透過軍事支出維持技術領先地位的制度性策略。從冷戰時期到當前的軍事科技競賽，國防預算逐漸成為引導前沿技術與產業升級的政策槓桿。

一、戰時研發與民用科技的技術外溢

歷史上，許多顛覆性科技源自軍事研發。二戰期間，美國曼哈頓計畫不僅開啟核能技術的發展，也帶動電腦、材料科學與物流工程的整合突破。戰後，美國國防高等研究計劃署（DARPA）資助的 ARPANET 則為今日網際網路奠定基礎，展示軍用技術對民間創新的延伸效應。

第十一章　戰爭經濟的制度演化與當代影響

二、預算結構中的創新導向機制

美國國防預算中有一部分專門撥用於研發與實驗性技術開發（R&D Budget），並設有長期計畫，例如「未來作戰系統」（FCS）與「無人載具整合計畫」。此類預算項目採取風險容忍與長期投資導向，與一般民用科學研究的審核機制明顯區隔，提升突破性創新的制度條件。

三、軍事需求推動技術標準化

軍隊對裝備一致性與性能穩定性的需求，使其在硬體、通訊與資訊系統的標準化上有強烈驅動力。例如：美軍在晶片運算與網路協定上提出的通用標準，後來廣泛應用於商業領域，形成公共標準設定的「軍先民後」邏輯，強化創新擴散能力。

四、科技研發生態的軍民融合格局

許多美國頂尖大學與研究機構，如麻省理工學院、史丹佛大學等，自冷戰時期即與國防部維持深度合作關係。這些合作促使研發資源與高階人力在軍用與民用領域之間流動，也建構起一種「科技國安聯動」的創新治理模式。

五、創新政策的制度風險與倫理爭議

國防預算對科技創新的推動雖具成效，但也引發資源排擠、公民監督不足與倫理審查機制弱化的質疑。尤其在人工智慧、基因改造與無人武器等領域，軍事研發的領先地位與透明性不足，成為學界與公民社會關注的制度性風險。

六、政策評估與國際比較視角

根據 OECD 與世界銀行的跨國比較數據，國防創新支出占科技總預算比例最高者，多為具備全球戰略需求的大國（如美國、中國、以色列）。此一比例顯示國防支出與國家創新能力之間的正向相關性，並成為小型經濟體在制定創新戰略時的重要參照架構。

七、專家觀點：國防財政作為創新治理的雙刃劍

科技政策學者指出：「國防預算是一把雙刃劍，它可以激勵超前技術，也可能將創新導入不可控的軍事競逐中。」學者主張未來創新治理必須兼顧國防安全與民主透明，以確保創新資源的公共性與道德基礎。

第十一章　戰爭經濟的制度演化與當代影響

小結：從軍事投資到技術進步的制度轉化

國防預算與科技創新的連動關係已成為現代財政治理與產業政策的核心命題。軍事資本投入提供創新所需的長期穩定資源與風險承擔平臺，同時也要求社會進行制度設計與倫理監督，以平衡安全目標與公共價值。

第五節
當代戰爭的數位財政與虛擬貨幣轉向

隨著二十一世紀科技的加速發展，當代戰爭的財政形態出現劇烈變化。相較於傳統以國債、稅收與中央銀行發鈔為基礎的動員體系，現代戰爭愈來愈多地仰賴數位財政技術與虛擬資產交易，形成一種全新型態的「數位戰爭經濟」。這種轉向不僅改變政府在戰時的融資方式，也挑戰了傳統財政監理與主權貨幣的角色。

一、數位支付平臺與戰時民間募資

烏克蘭在 2022 年面對全面戰爭時，透過加密貨幣接受國際援助，僅開戰初期就募集數千萬美元。政府開設官方比特幣與以太幣錢包，用以支付軍用品、醫療物資與基礎設施修

復，象徵數位貨幣首次被用於國家級的戰爭財政實務操作。

二、虛擬貨幣在制裁規避中的角色

面對西方國家制裁，一些政權與武裝組織利用虛擬貨幣轉移資金與規避監管。例如，伊朗與北韓即透過挖礦與加密交易規避國際金融封鎖，形成一種「數位地下財政體系」，挑戰現有國際結算架構的完整性與可監督性。

三、中央銀行數位貨幣（CBDC）的戰略應用

中國與俄羅斯等國積極發展中央銀行數位貨幣，不僅為內部監控與資金流通提供數位基礎，也意圖在戰爭或制裁場景下維持本國貨幣體系的自主性。這類貨幣工具成為地緣政治衝突中的新型戰略資產，被視為金融主權的延伸武器。

四、區塊鏈與戰爭透明度的兩面性

區塊鏈技術雖具有不可竄改特性，有助於增加財政透明度，但其匿名性也可能被武裝組織或境外勢力利用進行非法募資或軍事採購。例如：哈瑪斯等組織已被發現使用比特幣錢包進行武器採購與國際募款，突顯其雙重制度風險。

第十一章　戰爭經濟的制度演化與當代影響

五、戰爭財政的「去中介化」現象

傳統戰爭財政多依賴國家與銀行體系間的互動,而數位財政工具則將部分資金轉移機制去中介化,使個人、組織甚至無國界的社群可直接參與戰爭財務操作。這對傳統國家主權形成挑戰,也重新定義「戰時公共資金」的概念。

六、數位安全與金融基礎建設的戰爭前線化

在現代戰爭中,金融系統本身成為攻擊目標。烏克蘭與以色列的銀行系統曾遭遇大規模網路攻擊,顯示金融基礎建設的資訊安全已是軍事防禦的重要組成。數位財政不僅是一種工具,也成為國防邊界的一部分。

七、專家觀點:貨幣科技的軍事再定義

貨幣社會學者指出:「在數位貨幣場域,戰爭財政已不再只是國家之事,而是演化為全球平臺之間的權力競逐。」學者認為未來的戰爭將進一步呈現「貨幣軌道化」、「支付地緣化」的趨勢,要求制度設計者重新界定金融工具的軍事角色。

小結：數位財政邏輯下的戰爭再形塑

當代戰爭不再只是砲火與地面部隊的角力，而是跨越金融、科技與網絡空間的全域對抗。虛擬貨幣與數位支付的融資模式改寫了戰時經濟的範式，也挑戰傳統主權財政與國際監理體系的合法性。在此趨勢下，制度回應的速度與廣度將決定國家在未來衝突中的財政韌性。

第六節
聯合國系統中的戰後經濟穩定結構

第二次世界大戰後，為防止類似戰爭經濟崩潰與財政動盪的情況再度發生，國際社會積極構建以聯合國體系為核心的全球經濟穩定架構。從國際貨幣基金（IMF）與世界銀行的設立，到多邊貿易協定與發展援助計畫的推行，戰後制度化的國際合作機制成為維持財政秩序與重建基礎建設的重要支柱。

一、布列敦森林制度的起源

1944 年在美國新罕布夏州召開的布列敦森林制度會議，象徵戰後經濟治理的新起點。會議決定建立 IMF 與世界銀行，目的在於穩定匯率、協調國際收支與提供戰後重建資金，形成一種制度化的財政風險共擔機制。

第十一章　戰爭經濟的制度演化與當代影響

二、IMF 與貨幣穩定的技術支援

IMF 致力於協助成員國維持匯率穩定、控制通膨與執行財政改革，透過專業審查與技術顧問介入重建財政治理結構。此種制度機制彌補了戰時中央銀行獨斷所留下的制度真空，並提升新興國家面對市場風險的調整能力。

三、世界銀行與重建資金流通

世界銀行初期名為「國際復興開發銀行」（IBRD），主要提供基礎建設與生產力提升所需的長期貸款。從歐洲馬歇爾計畫到亞洲水利與交通項目，該機構為戰後經濟重建建立跨國融資典範，並間接穩定就業與財政收入來源。

四、多邊貿易秩序與關稅協調

關稅暨貿易總協定（GATT）為解決戰時貿易保護主義所導致的經濟碎片化問題，推動成員國逐步降低關稅與貿易壁壘。其後繼制度世界貿易組織（WTO）持續維護自由貿易架構，使各國能在制度框架內解決貿易爭端，減少因經濟摩擦引發的財政與外交衝突。

五、發展援助與制度轉型支援

戰後體系也包含聯合國開發計劃署（UNDP）、糧農組織（FAO）與世界衛生組織（WHO）等專門機構，協助低收入國家進行制度建設、社會服務與人力資本提升。這些機制讓原本在戰爭中邊緣化的國家逐漸被納入全球治理體系中，避免形成制度孤島。

六、國際財政資訊標準與透明機制

為避免戰爭時期資訊黑箱重演，聯合國與國際結算銀行（BIS）等機構建立金融資訊揭露標準與跨境監管合作平臺。這些制度促使各國提升預算透明度、減少資金外逃與非法交易，強化全球資本流動的可監督性。

七、專家觀點：全球制度韌性的戰後累積

國際政治經濟學者指出：「聯合國體系的經濟制度設計，是將戰爭經濟的教訓制度化，使和平不僅是軍事停火，更是財政秩序的可持續管理。」學者認為這些制度的成功在於創造一種「制度信任」，成為當代經濟危機應對的底層穩定資產。

第十一章　戰爭經濟的制度演化與當代影響

小結：從戰時混亂到和平制度的全球建構

聯合國體系中的戰後經濟制度，回應了戰時財政破壞與重建困境，並提供各國一種制度化的合作平臺。這些機構不僅處理緊急援助與貸款，更試圖建立跨國制度信任與財政規範，為全球經濟提供一種可持續的穩定框架。

第七節　現代金融制裁作為戰爭手段

進入二十一世紀後，金融制裁逐漸從輔助性外交工具，演變為戰爭策略的核心手段之一。尤其在國際衝突無法透過武力直接介入時，金融制裁提供了一種具備高穿透力、低軍事風險的政策槓桿，改寫了戰爭手段的範疇。這一轉變不僅涉及財政工具的應用，也突顯制度力量在地緣政治中的新型功能。

一、金融制裁的制度化進程

從冷戰末期到當代，金融制裁逐漸擴張為多邊制度工具。美國財政部轄下的外國資產控制辦公室（OFAC）建立制裁名單、凍結資產與限制匯兌的制度架構；歐盟亦設立類似機制，強化銀行系統對資金流向的監控與配合。

二、SWIFT 系統封鎖與金融孤立戰術

2012 年對伊朗與 2022 年對俄羅斯的 SWIFT 系統封鎖，為現代金融戰爭的重要里程碑。SWIFT 作為跨國銀行電文交換系統，其封鎖等同於將目標國家逐出國際支付網絡，限制其對外貿易與金融往來，是現代主權制裁的制度頂點之一。

三、加密資產與制裁規避風險

面對制裁壓力，一些政權與商業集團轉向加密貨幣進行資金轉移與支付，例如北韓駭客團體與俄羅斯個體戶利用匿名性高的加密交易，規避國際資本監理。這也迫使各國監管機構加強對虛擬資產平臺的合規要求與身份驗證。

四、制裁對民生經濟的間接衝擊

雖然金融制裁通常標榜針對軍事與高階政權資產，但其實際影響常波及平民經濟。銀行系統風險上升、通貨緊縮與失業率攀升等副作用，常成為受制裁國內部不滿與社會動盪的催化因素，亦為人道援助機構所關切。

第十一章　戰爭經濟的制度演化與當代影響

五、制度透明度與正當性挑戰

金融制裁作為非戰爭手段，若未經多邊協商與法律程序，將產生濫權與雙重標準爭議。部分國家與學者批評制裁成為地緣政治操弄工具，而非真正建立在國際法基礎上的正當制衡手段。

六、全球南方國家的制度應對策略

許多新興市場與發展中國家，開始尋求金融去美元化、區域清算機制與本地貨幣結算系統，降低對單一國際金融系統的依賴。例如中國的 CIPS 系統、俄羅斯的 SPFS 系統與伊朗的在地銀行結算網絡，皆為此趨勢的制度化實踐。

七、專家觀點：金融手段的準戰爭化問題

國際經濟法學者指出：「當金融工具被戰略化，其法律邊界與倫理審查機制需同步提升，否則將使制度信任反向崩解。」學者強調，制度性金融制裁的長期效益取決於其程序正當性與多邊共識支撐。

小結：制度化制裁與新戰爭型態的融合邏輯

現代金融制裁不再僅是外交輔助工具，而成為制度化戰爭的一部分。其高精準度、高可控性與跨境穿透力，使其成為國際衝突中無需宣戰即可產生實質壓力的核心策略。然而，制度信任、法治程序與國際共識的持續建構，才是這類新型戰爭工具能否真正穩定運作的關鍵。

第八節
歷史戰爭經濟對今日全球政策的啟示

從一戰、二戰到冷戰期間，歷史戰爭經濟的制度經驗不僅留下戰時動員的範式，也深刻影響了當代國家在面對經濟安全、金融穩定與制度韌性議題時的政策設計。多位跨學科學者從歷史比較、制度演化與全球治理的視角出發，提出戰爭經濟對現代全球政策的重要啟示。

一、財政透明與社會信任的對價關係

制度經濟學者強調：「戰爭經濟最脆弱的不在資源，而在社會對制度的信任度。」學者指出，現代民主國家若欲進行規模性財政動員，必須在預算公開、決策可問責與風險共擔等方面建立穩固機制，才能避免戰時動員滑向社會分裂。

第十一章 戰爭經濟的制度演化與當代影響

二、危機治理需要制度前瞻而非政策即興

全球治理學者認為,戰爭經濟體制的最大教訓在於預設制度反應能力而非仰賴即時應變。學者以 COVID-19 疫情與烏俄戰爭為例,指出有危機預備制度的國家在供應鏈、金融穩定與能源儲備方面展現出高度彈性,顯示歷史制度累積的現實價值。

三、戰爭財政需納入倫理與永續框架

政治倫理學者從道德經濟觀點出發,強調戰爭財政不應僅追求效率與速度,更應納入對人道衝擊與代際正義的評估。學者批評部分國家在制裁政策與資源分配中忽視對弱勢族群的保護,導致制度不信任加劇。

四、數位治理與貨幣制度的轉型壓力

數位政策研究者指出,數位財政與虛擬資產的擴張,使傳統財政治理面臨監理缺口。研究者建議未來全球制度需制定跨國數位金融行為準則,以避免戰爭經濟在數位空間無序擴張,引發資本流動失控與主權貨幣邊緣化。

五、多邊制度仍為全球穩定的制度基礎

國際組織專家強調，儘管多邊機制如 IMF、WTO、UNDP 等面臨挑戰，歷史仍證明這些制度在金融危機與衝突後期發揮穩定器功能。專家呼籲當代政策設計者應加強這些機構的自主性與治理改革，重建全球制度信任。

六、歷史記憶作為制度創新的資本

歷史社會學者認為：「歷史戰爭經濟不是過去的廢墟，而是制度設計的暗影教材。」學者主張將戰爭經濟經驗制度化為危機治理模組，透過政策模擬、預算沙盒與跨部門整合，建構可預測、可調適的財政制度基礎。

小結：制度韌性的歷史源碼

戰爭經濟的歷史觀察為今日制度設計提供許多啟發。專家一致認為，當代財政與經濟治理若能從歷史制度中學習預警機制、倫理平衡與社會共識建構，將更有可能面對下一波全球性衝突與不確定風險，以穩健制度而非即時政治回應維持系統穩定。

第十一章　戰爭經濟的制度演化與當代影響

第十二章
百年回顧:從卡爾・赫弗里希到今日戰爭經濟思想

第十二章　百年回顧：從卡爾・赫弗里希到今日戰爭經濟思想

第一節 赫弗里希思想在德國財政史上的地位

卡爾・赫弗里希（Karl Theodor Helfferich）在德國近現代財政思想史上的地位，既是經濟戰爭的設計者，也是戰爭經濟的制度建構者。他的理論與實踐，介於軍事與財政、國家與市場之間，形成一條橫跨戰爭年代與和平重建的財政思想軸線。若以時間橫軸來看，赫弗里希的貢獻主要集中於第一次世界大戰至戰後通貨改革期間；若以思想縱軸來評估，他奠定了德國非常時期財政策略的理論原型，特別是在「非常預算」、「信用戰爭」與「戰爭貨幣」等概念的運用上，展現出明顯超越其時代的前瞻性。

一、戰爭經濟的財政試驗場

1915 年起，赫弗里希擔任德國財政大臣，主導九次戰時公債發行，將「信用動員」推向制度化高峰。他提出「將戰費視為未來經濟力的預支」，強調政府應擴大發債規模以應對戰時需求。這一政策的實施，使德國戰時財政從以往「增稅以備戰」的模式，轉為「舉債以戰」的新形態，正式開啟了「戰爭與金融共構」的現代先聲。

赫弗里希堅持將戰時財政與常態預算制度分離，設計出

一種臨時性的特別預算制度。他認為:「和平時期的財政原則不適用於全面戰爭時期,國家財政不能拘泥於過去的收支平衡哲學。」這種思維,在後來的德國戰後通貨改革、乃至冷戰時期的西德國防預算安排中,都留下深遠的制度遺緒。

二、「特別支出」的制度建構

赫弗里希對「特別支出」(Sonderausgaben)與「非常預算」(Notetat)的思考,成為日後戰爭財政學研究的核心命題。在他的規劃下,軍事開支被完全剝離於常規財政之中,由一套專責機構與特別立法處理。這項作法讓政府在面對外部威脅時,能夠迅速擴張支出而不受平常預算審議程序的牽制。

更重要的是,赫弗里希在1916年提出「戰時支出不應進入國民負擔統計之列」,強調戰費應以債務形式進行內部吸納,不可與民生支出混為一談。這種分離主義的財政處理方式,為後來包括納粹德國、美國冷戰國防開支、甚至當代某些民主政體下的軍備預算安排,提供了原型。

三、貨幣體制與戰後信用重建

第一次世界大戰結束後,德國面臨極度惡性通貨膨脹,馬克幣值幾乎歸零。赫弗里希於1923年提出「有利馬克計畫」(Rentenmark Plan),主張以土地與工業資產作為新貨幣

第十二章　百年回顧：從卡爾・赫弗里希到今日戰爭經濟思想

的發行擔保基礎，期望重建社會對貨幣的信心。雖然實施者是漢斯・路德（Hans Luther）與亞爾馬・沙赫特（Hjalmar Schacht），但赫弗里希的原理架構與政策主張，已在1922年前後的論述中被系統化提出。

他主張「貨幣之信任非來自國家命令，而在於其背後資產價值之可驗證性」，這一觀點成為戰後德國聯邦銀行穩健貨幣政策的理論基礎，也影響了布列敦森林制度中對「金本位」的再詮釋。

四、學理評價與思想傳承

後世對赫弗里希的評價多元而矛盾：一方面，他是戰時國家主義的堅實推手，將德國財政導向中央集權與軍事擴張；另一方面，他亦是現代財政機制中「非常預算體制」的制度奠基者。學者指出，赫弗里希的創見使財政不再僅是技術與均衡的科學，而是國家存續與戰略選擇的有機組成。

戰時財政的「破格性」與和平制度的「常規性」之間如何銜接，正是赫弗里希所留下的理論爭點。這個問題，在21世紀的戰爭經濟實踐中依然存在。例如俄烏戰爭期間，烏克蘭政府便在西方資助下建立多項戰時特別預算法案；以色列、伊朗等國亦有類似模式。這些作法皆可追溯至赫弗里希當年制度設計的基本精神。

小結：思想遺緒與當代啟示

赫弗里希的歷史地位並不單純來自他曾位居高位或推動具體政策，而是他成功勾勒出「戰爭財政」作為一門獨立學科的輪廓。在動員、債務、預算、貨幣與國家主權之間，他為日後無數國家提供了可以依循與改造的模型。他的思想告訴我們：戰爭雖是非常事態，但其所需的財政安排卻需極為制度化與科學化；國家在最混亂的時刻，也應以最嚴謹的財政思想來維持秩序與信任。

第二節　第一次世界大戰的財政意義總結

第一次世界大戰不僅是一場規模空前的軍事衝突，更是一場國家財政結構的極端壓力測試。在這場長達四年的全面戰爭中，參戰國家無一倖免地進入了財政與經濟的戰時模式，國家開支與貨幣政策從原本的平衡導向走向以勝戰為目標的非常體制。這一段歷史，為我們理解現代國家財政的靈活性與風險性提供了最具說服力的實例。

一、戰費規模與傳統財政理論的崩潰

開戰初期，多數參戰國家仍抱持「短期衝突、有限開支」的預期，採行的是增稅與動員現有儲備的作法。但自1915年

第十二章　百年回顧：從卡爾·赫弗里希到今日戰爭經濟思想

起，戰爭拖長、動員擴大，原有財政理論逐漸失靈。以英國為例，1913 年政府支出為 2 億英鎊，至 1918 年已達 24 億英鎊，成長幅度超過 10 倍。法國與德國亦不例外，其戰費幾乎完全由公債支應，稅收僅占戰時財政來源的兩成左右。

傳統的財政原則，如平衡預算、黃金本位、貨幣穩定等，在戰爭壓力下紛紛被犧牲。赫弗里希所主導的德國財政體系，是這種趨勢的極端表現，德國九次發行戰時公債，形成龐大內部債務，戰後更導致貨幣信心崩潰與通貨膨脹失控。

二、國債與民眾動員的雙重戰線

戰爭讓「債務」成為國家動員的一部分。在德國與英國，購買戰時公債被賦予愛國與道德意涵，政府透過學校、教會與媒體推廣「國債即榮譽」的觀念。這種作法雖非赫弗里希首創，但在他的制度化安排下獲得空前發展。

值得注意的是，這些國債多為短期債務，票面利率偏低，但吸引力來自道德認同與政治忠誠，而非金融收益。也因此，戰後若無妥善設計債務重組機制，便容易引發民眾信任崩解與金融市場恐慌。1920 年代德國惡性通膨，與其戰時國債政策關係密切。

三、中央銀行角色的變化與擴權

戰時各國中央銀行從貨幣政策的守夜人，轉為國家財政的協力者。德意志帝國銀行（Reichsbank）配合政府發行公債與戰時貨幣，暫時停止黃金兌換制度。英國銀行亦大幅增加對國庫的貸款，並啟動貨幣量化政策。

這種變化使中央銀行從獨立監理者變為財政工具的一部分，也為後來的中央銀行「雙重角色」奠定基礎。學者如凱因斯（John Maynard Keynes）於戰後即呼籲應重新檢討央行與政府的關係，主張中央銀行應在特殊時期支援國家動員，但戰後須迅速回歸穩健運作。

四、戰爭與貨幣制度的結構性斷裂

戰爭造成黃金本位體系全面中止，德國與法國於戰時即停止黃金兌換，英國則於 1919 年後正式放棄金本位。這一變化對全球貨幣秩序產生劇烈衝擊，間接導致 1920 年代的通膨危機與 1930 年代的貨幣保護主義抬頭。

赫弗里希對此有前瞻性觀察，他認為戰爭迫使國家從金本位脫鉤，形同「財政主權與金融主權再定義」。戰爭之後，重建穩定貨幣制度成為歐洲各國首要課題，這正是 1922 年熱那亞會議與 1924 年道斯計畫（Dawes Plan）等國際金融合作出現的背景。

第十二章　百年回顧：從卡爾·赫弗里希到今日戰爭經濟思想

小結：從非常體制到新常態的過渡

第一次世界大戰期間的財政實驗，顯示國家在危機中有能力大幅調整自身財政與金融架構。然而，這種「非常體制」一旦成為新常態，亦可能損及財政紀律與市場信任。赫弗里希的經驗讓我們看到，在極端環境下，國家財政不再是收支表的平衡問題，而是一場關於制度、主權與信任的多重考驗。

第三節　後世對戰爭經濟的學理化整理

戰爭財政並未隨著第一次世界大戰的結束而退場，反而成為 20 世紀經濟學與政治學領域中一項持續深化的研究主題。從 1930 年代的凱因斯革命，到冷戰時期的軍事工業複合體理論，再到 21 世紀對金融制裁與經濟戰的學術反思，戰爭經濟已從實務操作提升為制度理論，進一步引發對國家權力與市場邊界的根本性討論。

一、凱因斯的啟動：戰時支出與總體需求

凱因斯（John Maynard Keynes）在 1936 年出版的《就業、利息和貨幣的一般理論》中，未直接討論戰爭財政，但其理論基礎深受第一次世界大戰財政經驗啟發。他認為，國家在

第三節　後世對戰爭經濟的學理化整理

面臨有效需求不足時,可透過赤字支出擴大公共投資,進而刺激經濟成長。這種主張,實質上為戰時預算在和平時期的理論合法化提供正當性。

第二次世界大戰期間,凱因斯更直接參與英國戰時經濟政策,提出「稅收加儲蓄加借款」三管齊下的動員方案。他強調:「戰時經濟的核心是確保總需求維持穩定,同時避免通膨與過度消費。」這套戰時總體經濟學,後來成為戰後福利國家體制的重要支柱。

二、制度經濟學對非常預算的重構

進入冷戰時期,制度經濟學者如道格拉斯・諾斯(Douglass North)與曼瑟爾・奧爾森(Mancur Olson)開始將戰爭經濟視為制度設計下的特殊情境。他們主張,戰爭期間所出現的中央集權化、預算邊界模糊化與資源分配例外狀態,其實反映出國家制度對外部衝擊的回應能力。

奧爾森在《國家的興衰》一書中指出:「戰爭有可能摧毀僵化的利益結構,使資源重新流動,創造制度革新的機會。」這一觀點說明,戰爭財政雖可能帶來通膨與赤字,但也可能促進制度演化與國家能力的提升。

第十二章　百年回顧：從卡爾·赫弗里希到今日戰爭經濟思想

三、軍事工業複合體與現代戰爭資本主義

美國總統艾森豪於 1961 年卸任演說中提出「軍事工業複合體」（Military-Industrial Complex）概念，揭示戰爭財政與私人產業間的深層聯結。隨後多位學者展開對此現象的經濟學分析，認為當軍事預算長期占據國家支出高比重時，戰爭不再是例外狀況，而是常態性經濟活動的一部分。

學者西摩·梅爾曼（Seymour Melman）在 1970 年代即指出，美國的戰爭經濟已演變為「國防資本主義」，其核心不在於擊敗敵人，而在於維繫龐大的軍事產業鏈條。此一分析在今日仍具啟發性，特別是評估各國軍費對創新能力與社會支出的排擠效應。

四、經濟制裁與非傳統戰爭的理論發展

進入 21 世紀，戰爭經濟的理論不再局限於軍火支出與公債操作，而轉向對金融制裁、貿易封鎖與科技禁運等非傳統手段的研究。美國對伊朗、俄羅斯的制裁行動，帶動了學界對「金融武器化」（Weaponization of Finance）的系統整理。

愛爾蘭政治學者亨利·法雷爾（Henry Farrell）與美國政治學家亞伯拉罕·紐曼（Abraham Newman）提出「武器化互依」理論，主張全球金融體系的不對稱結構，使得少數樞紐國家（如美國）得以將經濟手段轉化為戰略武器。這一理論重構了

戰爭與經濟之間的邊界,使「和平中的經濟戰」成為當代研究主流之一。

小結:從實務操作到理論體系的百年路徑

第一次世界大戰以來,戰爭財政從原本應急性的財政操作,逐漸轉化為學理化、制度化的專業領域。從凱因斯的總體經濟學、制度經濟學對預算邊界的反思,到對軍工複合體與金融制裁的新型戰爭工具的分析,後世的理論建構不僅回應了赫弗里希所開啟的問題,也持續延展這條關於國家權力、財政武器與經濟治理的思想路徑。

第四節　戰時經濟對制度設計的深層啟發

戰爭經濟的經驗並不僅止於財政數據與政策工具的變化,更深層的影響展現在制度設計層次。當國家進入全面戰爭狀態時,所有制度安排都面臨重新評估與動員的壓力:預算制度須被重新界定,中央與地方權責需重新劃分,貨幣與資源分配體系則需快速適應戰略目標。戰時經濟因此成為制度演化的「壓縮實驗場」,揭示平時難以察覺的制度瓶頸與權力配置盲點。

第十二章　百年回顧：從卡爾·赫弗里希到今日戰爭經濟思想

一、從預算政治到戰略財政的轉型

傳統的預算制度講求審慎與平衡，強調國會監督與責任分明。然而戰時財政的邏輯則完全不同，其強調速度、集中、與資源優先配置。在第一次世界大戰期間，德國、英國、美國相繼建立臨時預算程序，將大宗軍費從常態預算中剝離，交由特別機構與戰時內閣統籌。

這一轉變代表著「預算政治」向「戰略財政」的邁進。戰爭迫使國家設計一套能夠迅速調配資源並縮短政治流程的財政制度，也為日後國家緊急應變能力的建立提供了原型。例如：戰後多數歐洲國家在憲法中納入緊急預算條款，即可追溯至此一背景。

二、中央集權與制度彈性的雙重試煉

戰爭往往強化中央集權，因為唯有國家層級能有效統籌全國資源與人力。以 1940 年代的美國為例，總統羅斯福授權建立「戰爭生產委員會」（War Production Board），集中協調工業產能、原料分配與勞動力調度，形成跨部門、跨產業的垂直指揮體系。

但集權不等於僵化。真正成功的戰時制度設計，往往需結合彈性應變機制與地方執行力。德國在第一次世界大戰後期即因中央指令過多、地方資源調配不靈活而陷入供應斷

鏈。這一教訓使戰後學界開始重視制度「多層治理」的重要性，亦即中央設計策略架構、地方實現彈性落地。

三、配給、動員與資源制度的再建構

戰時資源制度的重建，帶動了對公平、效率與服從三者間張力的制度反思。從糧食配給、能源徵用，到關鍵物資定價與分發，戰時經濟要求政府介入日常生活的程度遠超和平時期，形成一種「例外狀態下的制度常規化」。

以英國為例，從1940年起實施全面食品配給制度，由糧食部掌握所有糧食進口、價格與配發權限。這一制度不僅維持了社會穩定，也成為戰後英國福利國家糧食補貼機制的前身。英國學者哈羅德‧拉斯基（Harold Laski）指出：「戰爭是國家再制度化的契機，配給制度是其政治哲學的具體展現。」

四、制度記憶與和平時期的承襲

戰爭結束後，多數制度會部分退場，但若干核心安排往往留存，成為日後政治與經濟制度的構造基底。1947年美國《國安法》、1961年法國第五共和憲法等，皆內嵌了來自戰時制度的核心元素，如緊急預算條款、跨部門指揮體系與資源優先序原則。

戰爭所激發的制度創新，未必在和平時期全部沿用，但其

第十二章　百年回顧：從卡爾·赫弗里希到今日戰爭經濟思想

概念與操作經驗構成了制度「記憶」。這些記憶在每一次危機中被重新激活，成為國家重新動員的制度基礎。例如 COVID-19 疫情期間，各國迅速啟動戰時物資供應鏈管理、中央協調指揮與特別預算分配，其制度基礎多可追溯至二戰經驗。

小結：戰爭經濟作為制度實驗場的長期價值

戰爭不僅改變了財政數字，更改寫了制度設計的規則。它強迫國家思考如何在極端情況下維持秩序、調配資源、保有彈性並確保正當性。戰時經濟制度不僅是為了贏得戰爭，更成為理解現代國家治理與制度調適能力的關鍵窗口。這些制度遺產，至今仍深植於我們所熟知的行政體制與預算管理之中。

第五節
財政、政治、戰略三角關係的歷史循環

在任何一場現代戰爭中，財政、政治與戰略三者之間的互動，構成國家決策的核心座標系統。財政資源的可動用性決定戰略目標的可行性，戰略設定又牽動政治正當性，而政治支持反過來決定財政動員的規模與持久力。這種循環關係不僅見於軍事衝突高峰期，更深植於戰爭準備與戰後重建之中，構成一種制度性的互依結構。

第五節　財政、政治、戰略三角關係的歷史循環

一、戰略目標如何引導財政規模

戰略並非單純的軍事計畫，而是包含整體國力動員的綜合設計。在第一次世界大戰中，德國原先的「施里芬計畫」假定短期戰爭可迅速結束，因此初期軍費編列遠低於實際所需。隨著戰爭拉長，原有戰略錯誤直接造成財政缺口急速擴大。

與此對比，美國於第二次世界大戰中的戰略制定更為成熟，政府自珍珠港事件後即同步推動「勝利債券」計畫與戰爭生產體系，顯示出「戰略—財政同步化」的高成熟度。現代戰爭的經驗一再證明，戰略設計若未納入財政條件，將導致目標與資源錯位，反而陷國家於長期戰力疲乏。

二、政治支持的籌資基礎

財政政策不可能單靠會計技術落實，其成敗取決於政治社會對開支正當性的認可。戰時特別預算與公債發行需倚賴國會通過與民意支持，否則即便財政資源充沛，也難轉化為有效戰力。

以英國為例，首相邱吉爾在戰時國會辯論中多次強調「國民同意」的重要性，主張公共負擔必須透明且公平，才有助於形成穩定後盾。現代民主政體在戰時往往需以稅收與債務調整換取民眾對戰略正當性的理解與容忍，政治資本成為財政動員的隱性變數。

三、財政結構的反向制約作用

若戰略與政治未顧及財政基礎,將導致國家陷入不可持續的支出循環。1940 年代的義大利即為例證,墨索里尼過度軍事擴張,財政體制尚未現代化,導致戰時開支失控、貨幣崩潰,國內經濟信心全面瓦解。反之,若財政制度具備彈性與控制機制,即便面對外部挑戰亦能穩定因應。

冷戰時期的北歐諸國,採取「有限軍備、充足社福」策略,將財政支出以戰略優先序為核心進行編列,有效維持國防能力與社會穩定。這顯示,財政本身不僅是資金來源,更是一種戰略篩選器,限制國家不得輕啟戰端,也保障必要行動得以持久。

四、當代經濟戰爭的三角張力再現

在 21 世紀的經濟戰爭中,財政－政治－戰略三角關係並未消失,反而透過金融制裁、科技封鎖與供應鏈重組等形式被重新演繹。美中科技戰即是一例,美國政府通過《晶片與科學法》投入超過 520 億美元扶持半導體產業,既是戰略部署、亦需政治支持與財政承擔。

但此舉亦反映出財政壓力對戰略延續性的制約。若無後續產業回報與技術升級,政治支持將動搖,財政挹注亦難持

久。這種三角張力正是現代經濟戰爭之中，各國必須審慎衡量的制度風險。

小結：三角結構的歷史教訓與未來警示

財政、政治與戰略之間的互動不僅塑造了戰爭的展開方式，也決定了和平的制度框架。忽視三者平衡將使國家陷入戰略冒進或財政崩潰的雙重危機。赫弗里希時期的教訓與當代經濟戰的經驗，都提醒我們：國力不僅在於軍備與資源，更在於制度之間的動態平衡與歷史記憶的制度化吸收。

第六節
金融全球化時代下的「新經濟戰爭」

自冷戰結束以來，金融全球化推動了資本、貨幣、技術與資訊的跨境流動，國與國之間的經濟聯結前所未有地緊密。然而，這種「全球整合」並未終結地緣政治對抗，反而為新型經濟戰爭提供了更為多樣與精準的手段。21 世紀的經濟戰不再依賴實體封鎖或全面禁運，而是透過貨幣系統、金融結算網絡、投資審查與技術限制，構築起一套可穿透市場卻難以對抗的經濟武器體系。

第十二章　百年回顧：從卡爾·赫弗里希到今日戰爭經濟思想

一、貨幣體系的武器化

美元作為全球主要儲備貨幣，其主導地位賦予美國在國際金融秩序中前所未有的權力。透過美國財政部與聯邦儲備體系的操作，美國可對目標國家實施資產凍結、匯款阻斷與投資中止等措施。例如：自 2014 年克里米亞危機爆發後，美國即對俄羅斯進行連串金融制裁，限制其主要銀行進入 SWIFT 系統，並切斷其外債融資管道。

這種「貨幣武器化」的做法，形成一種新的戰爭模式：不經實彈、但造成實質傷害。其效果可快速擴散至該國企業、平民與國內信用系統，從而迫使對方重新評估其戰略冒進的代價。

二、技術供應鏈作為新戰線

除了貨幣與金融體系，技術供應鏈亦成為經濟戰的新戰場。從 2019 年起，美國陸續以國家安全為由，限制華為、中興、長江存儲等中國企業取得先進晶片與製造設備。這些禁令不僅針對單一公司，更牽動整個供應鏈，要求其他國家企業（如台積電、ASML）不得向受限實體提供關鍵技術。

這類作法被學者稱為「結構性脫鉤」，其目的是削弱目標國的自主創新能力，長期壓縮其在全球產業鏈中的地位。當技術被視為地緣政治資產，科技業者遂成為國家戰略的外延，國際競爭亦轉化為產業規範的制定權爭奪。

三、資本移動與審查機制的雙刃劍

隨著全球資本市場互聯互通，各國開始對外國投資進行更嚴格的審查，以避免關鍵產業落入潛在敵對勢力手中。美國外國投資委員會（CFIUS）擴大審查範圍至半導體、AI、生物科技與資料運算等領域，歐盟、日本、澳洲亦設立類似機制。

此舉雖可防範戰略資產外流，卻也可能引發報復性行動與市場信心下滑。例如中國對立陶宛的經濟脅迫，以及沙烏地阿拉伯對美國企業投資審查的反制，皆反映出「開放市場」與「國安防線」的根本張力。在全球化逐步被政治化的今天，資本自由流動的邏輯已不再穩固，國際投資環境也面臨空前不確定性。

四、全球治理機構的調適與困境

面對新經濟戰爭的形態轉變，國際金融與經貿治理機構也試圖因應。例如國際貨幣基金（IMF）與世界銀行推動「韌性融資」（Resilience Financing），協助遭受制裁或封鎖的國家穩定基本財政。世界貿易組織（WTO）則試圖調解科技限制是否違反自由貿易原則，但因大國對抗而遲無進展。

此外，各國央行與主權基金也加速籌組替代性結算機制，如中國的 CIPS、俄羅斯的 SPFS，與歐洲的 INSTEX 機

第十二章 百年回顧：從卡爾·赫弗里希到今日戰爭經濟思想

制，試圖繞過美元主導體系，創建新型「去美元化」交易環境。然而這些努力目前尚未構成可替代現有體系的力量，反映出現有國際秩序的黏著性與改革的艱難。

小結：從整合到對抗的全球金融秩序轉折

金融全球化原本被視為和平、繁榮與合作的保證，如今卻成為戰略對抗的新工具。新經濟戰爭不再是戰爭的延伸，而是策略本體，其作戰場域橫跨匯率、晶片、資料與供應鏈。國家不再單靠軍事，也不再只靠外交，而是以制度設計與網絡控制，在全球金融基礎設施上重新劃分勢力範圍。這場結構性的轉折，正在重塑 21 世紀的經濟安全圖像。

第七節
國際貨幣基金、世界銀行與現代戰爭經濟

在 21 世紀的戰爭經濟環境中，國際金融組織的角色不再局限於危機援助或發展資金提供者，而是成為新型衝突治理與經濟安全架構中的關鍵節點。國際貨幣基金 (IMF) 與世界銀行這兩大布列敦森林制度的代表機構，在面對武裝衝突、金融制裁、能源危機與糧食短缺等「非傳統戰爭」情境中，展現出其介入深度與制度調整的重要性。

第七節　國際貨幣基金、世界銀行與現代戰爭經濟

一、IMF 的危機穩定功能與地緣政治角色

作為全球流動性調節與貨幣穩定的核心機構，IMF 近年來在處理與戰爭相關的金融危機中，扮演了日益政治化的角色。2022 年俄烏戰爭爆發後，IMF 迅速批准對烏克蘭數十億美元的緊急融資與信貸支援，協助其維持貨幣匯率穩定、應付大規模難民支出與基本公共服務。

這一行動代表著 IMF 從原本重視「政策改革對價」的貸款機構，轉向具有地緣政治判斷的戰時金融干預者。學者指出，IMF 的政策選擇正呈現「政治支持導向」的轉型，其影響不僅限於貸款條件，更關係到國際援助體系的合法性與資源分配的公信力。

二、世界銀行的重建介入與制度性治理

世界銀行近年重點轉向戰後重建與制度復原，特別在中東、非洲與烏克蘭等衝突地區，推動「衝突後國家重建架構」（Post-Conflict Reconstruction Framework）。該架構強調基礎建設、公共財政治理、難民安置與就業創造的整合計畫，意圖打破傳統分散式援助效率低落的問題。

在 2023 年，世界銀行對烏克蘭的援助項目包括地方政府功能重建、能源網路維修與衛生體系恢復。這些專案不僅是經濟刺激，更涉及「制度輸入」：將國際標準引入地方治理，

強化其財政透明度與社會包容性。這說明現代戰爭經濟已不單為軍需財政，而涵蓋制度建構的長期工程。

三、多邊機制與雙邊地緣權力的平衡

IMF 與世界銀行在全球治理體系中的介入，亦受到大國雙邊政治的影響。例如美國長期以其出資權重主導 IMF 高層任命與關鍵決策，而中國則透過亞投行與金磚國家開發銀行另建平行機制，挑戰布列敦森林制度的唯一正統性。

此種情勢下，IMF 與世銀在援助決策上日益需要回應「全球南方」的政治敏感性。非洲與拉丁美洲部分國家批評其貸款計畫帶有價值偏向或條件歧視，要求設立具區域代表性的分支治理機構。這揭示國際金融治理的戰略化趨勢，也考驗其制度彈性與合法性重建能力。

四、制度回應與未來方向

IMF 與世界銀行已開始調整其制度工具以因應新型戰爭經濟挑戰。例如 IMF 設立「韌性與永續性貸款」（RSF），專門針對衝突易發國家提供預防性支持。世界銀行則強化「快速動員機制」（Crisis Response Window），縮短援助啟動時程，以便及時支援衝突爆發初期的基礎需求。

此外，兩機構也投入更多資源於數位基礎建設與氣候風

險減災，意圖從戰爭經濟的「事後反應」邁向「前置治理」。這反映國際金融組織正嘗試從被動型補救者轉為制度穩定的主動塑造者，重新定義其在全球安全治理中的功能。

小結：全球金融治理的制度轉型與挑戰

國際貨幣基金與世界銀行已不再只是開發性貸款機構，而是介入現代戰爭經濟與國家重建的關鍵行動者。其介面涵蓋貨幣穩定、財政重構、制度輸入與地緣政治調解等多重層面。然而，在大國競逐、制度合法性危機與區域需求分化的背景下，其功能面臨空前挑戰。未來的戰爭經濟不僅需要槍砲後盾，更需制度支柱，而這正是 IMF 與世銀角色轉型的歷史節點。

第八節
從赫弗里希走到現代的理論與實踐變奏

赫弗里希的戰時財政觀，雖植根於 20 世紀初的帝國德國，卻為後來戰爭經濟與現代財政制度鋪設了深遠基礎。進入 21 世紀，學界與政策實務界對其思想的再詮釋，顯示出理論與實踐之間的交錯演變與應變能力。從非常預算制度的設計，到金融制裁與貨幣工具的政治化，赫弗里希留下的不僅是歷史印記，更是制度原型的思想資產。

第十二章　百年回顧：從卡爾‧赫弗里希到今日戰爭經濟思想

一、制度經濟學視角下的赫弗里希再定位

制度經濟學者如道格拉斯‧諾斯（Douglass North）與貝瑞‧溫格斯特（Barry Weingast）等人，將赫弗里希的預算邏輯視為國家應對外部衝擊的制度適應模型。特別是在「例外情境下的制度容納性」理論中，赫弗里希對特別預算與戰爭動員的設計，成為制度彈性與合法性重疊的典型案例。

學者認為赫弗里希的價值不在其具體政策，而在他所開展的理論命題：國家在危機中應如何在法制與效率之間取得平衡？這一命題在 COVID-19 疫情期間全球預算應變中獲得再次驗證，各國普遍採用「臨時財政緊急授權」形式，重演赫弗里希式的制度思維。

二、軍事與金融融合的前導模型

近年軍事戰略與經濟政策交集增強，赫弗里希模式也被納入軍經整合的學術討論。以英國皇家聯合研究所（RUSI）與德國馬歇爾基金會研究報告為例，均指出赫弗里希體制預示了「戰爭—金融聯合戰」的早期雛形：利用國債融資建立戰略韌性、以預算手段維繫戰時社會穩定。

當代學者如蘇珊‧斯特蘭奇（Susan Strange）強調金融權力在戰爭中的獨立性，而赫弗里希的「戰時財政」即是此種金

融主體性的早期實踐,其不僅動員資金,更建構了一種制度上的正當性與服從機制,這對當代國家尤其具啟發性。

三、從德國經驗到全球實踐的制度演化

專家指出,赫弗里希體系的演化軌跡可見於多個國家的財政制度中。以以色列為例,其戰爭準備預算獨立於一般財政體系之外,由國防部門與財政單位共同監督,與赫弗里希「預算隔離」原則相當接近。又如日本在311大地震後啟動的重建特別會計,也沿用特別預算設計以因應例外開支。

這些制度實踐顯示赫弗里希思想並未被歷史淘汰,而是經由不同國家制度文化的轉譯與內化,持續發揮作用。赫弗里希開創的不是政策模板,而是一套「非常經濟體制的制度文法」,為應對未來高不確定性世界提供參考。

四、思想延續與批判:當代的制度挑戰

儘管赫弗里希制度設計具高彈性與動員力,學界亦指出其潛在風險。一方面,特別預算與戰時動員可能削弱議會監督與民主制衡;另一方面,其「延後支付、先行擴支」的邏輯容易造成戰後財政不可收拾的赤字與通膨。

現代制度設計者面臨的挑戰,在於如何保有赫弗里希式的彈性,卻不重蹈其時期中央集權與透明不足的覆轍。德國

第十二章　百年回顧：從卡爾·赫弗里希到今日戰爭經濟思想

近年透過基本法中的「債務煞車」機制，引入預算上限與危機支出例外規範，試圖在赫弗里希重視的財政紀律理念與當代表現責任需求之間取得平衡。

小結：赫弗里希作為制度原型的再認識

從第一次世界大戰走到 21 世紀的制度設計，赫弗里希提供了一套可轉譯、可再創的思想框架。他讓我們理解，戰爭經濟不僅是非常時期的財務安排，更是一套關於國家與危機、秩序與動員、預算與正當性的制度語言。這份遺產持續在當代被重新理解、批判與轉化，成為未來制度設計不可忽視的思想資源。

第八節　從赫弗里希走到現代的理論與實踐變奏

國家圖書館出版品預行編目資料

戰爭經濟秩序的演化：百年來戰爭財政思想與制度動員的轉變 / 遠略智庫 著. -- 第一版. -- 臺北市：財經錢線文化事業有限公司, 2025.08
面； 公分
POD 版
ISBN 978-626-408-336-2(平裝)
1.CST: 經濟戰略 2.CST: 經濟政策 3.CST: 第一次世界大戰 4.CST: 德國
592.47　　　　　　　114010260

電子書購買

爽讀 APP

戰爭經濟秩序的演化：百年來戰爭財政思想與制度動員的轉變

臉書

作　　者：遠略智庫
發　行　人：黃振庭
出　版　者：財經錢線文化事業有限公司
發　行　者：崧燁文化事業有限公司
E-mail：sonbookservice@gmail.com
粉　絲　頁：https://www.facebook.com/sonbookss/
網　　址：https://sonbook.net/
地　　址：台北市中正區重慶南路一段 61 號 8 樓
8F., No.61, Sec. 1, Chongqing S. Rd., Zhongzheng Dist., Taipei City 100, Taiwan
電　　話：(02) 2370-3310　傳　　真：(02) 2388-1990
印　　刷：京峯數位服務有限公司
律師顧問：廣華律師事務所 張珮琦律師

-版權聲明-
本書作者使用 AI 協作，若有其他相關權利及授權需求請與本公司聯繫。
未經書面許可，不可複製、發行。
定　　價：450 元
發行日期：2025 年 08 月第一版
◎本書以 POD 印製